中华烹饪古籍经典藏书

山家清供 闲情偶寄（饮馔部）

［宋］林洪
［清］李渔 撰

中国商业出版社

图书在版编目（CIP）数据

山家清供 / (宋) 林洪撰 . 闲情偶寄 . 饮馔部 / (清) 李渔撰 . – 北京 : 中国商业出版社 , 2021.1
ISBN 978-7-5208-1310-5

Ⅰ . ①山… ②闲… Ⅱ . ①林… ②李… Ⅲ . ①烹饪—中国—南宋②菜谱—中国—南宋③杂文集—中国—清代 Ⅳ . ① TS972.1 ② I264.9

中国版本图书馆 CIP 数据核字 (2020) 第 205797 号

责任编辑：包晓嫱　常　松

中国商业出版社出版发行
010-63180647 www.c-cbook.com
（100053 北京广安门内报国寺 1 号）
新华书店经销
唐山嘉德印刷有限公司印刷
*
710 毫米 ×1000 毫米　16 开　12 印张　110 千字
2021 年 1 月第 1 版　2021 年 1 月第 1 次印刷
定价：55.00 元
* * * *
（如有印装质量问题可更换）

《中华烹饪古籍经典藏书》
指导委员会

（排名不分先后）

《中华烹饪古籍经典藏书》
编辑委员会
（排名不分先后）

委　员

《中国烹饪古籍丛刊》出版说明

国务院一九八一年十二月十日发出的《有关恢复古籍整理出版规划小组的通知》中指出：古籍整理出版工作“对中华民族文化的继承和发扬，对青年进行传统文化教育，有极大的重要性。”根据这一精神，我们着手整理出版这部丛刊。

我国的烹饪技术，是一份至为珍贵的文化遗产。历代古籍中有大量饮食烹饪方面的著述，春秋战国以来，有名的食单、食谱、食经、食疗经方、饮食史录、饮食掌故等著述不下百种；散见于各种丛书、类书及名家诗文集的材料，更加不胜枚举。为此，发掘、整理、取其精华，运用现代科学加以总结提高，使之更好地为人民生活服务，是很有意义的。

为了方便读者阅读，我们对原书加了一些注释，并把部分文言文译成现代汉语。这些古籍难免杂有不符合现代科学的东西，但是为尽量保持其原貌原意，译注时基本上未加改动；有的地方作了必要的说明。希望读者本着“取其精华，去其糟粕”的精神用以参考。编者水平有限，错误之处，请读者随时指正，以便修订。

中国商业出版社

出版说明

20世纪80年代初，我社根据国务院《关于恢复古籍整理出版规划小组的通知》精神，组织了当时全国优秀的专家学者，整理出版了《中国烹饪古籍丛刊》。这一丛刊出版工作陆续进行了12年，先后整理、出版了36册，包括一本《中国烹饪文献提要》。这一丛刊奠定了我社中华烹饪古籍出版工作的基础，为烹饪古籍出版解决了工作思路、选题范围、内容标准等一系列根本问题。但是囿于当时条件所限，从纸张、版式、体例上都有很大的改善余地。

党的十九大明确提出："要坚定文化自信，推动社会主义文化繁荣兴盛。推动文化事业和文化产业发展。"中华烹饪文化作为中华优秀传统文化的重要组成部分必须大力加以弘扬和发展。我社作为文化的传播者，就应当坚决响应国家的号召，就应当以传播中华烹饪传统文化为己任，高举起文化自信的大旗。因此，我社经过慎重研究，准备重新系统、全面地梳理中华烹饪古籍，将已经发现的150余种烹饪古籍分40册予以出版，即《中华烹饪古籍经典藏书》。

此套书有所创新，在体例上符合各类读者阅读，除根据前版重新标点、注释之外，增添了白话翻译，增加了厨界大师、名师点评，增设了“烹坛新语林”，附录各类中国烹饪文化爱好者的心得、见解。对古籍中与烹饪文化关系不十分紧密或可作为另一专业研究的内容，例如制酒、饮茶、药方等进行了调整。古籍由于年代久远，难免有一些不符合现代饮食科学的内容，但是，为最大限度地保持原貌，我们未做改动，希望读者在阅读过程中能够“取其精华、去其糟粕”，加以辨别、区分。

我国的烹饪技术，是一份至为珍贵的文化遗产。历代古籍中留下大量有关饮食、烹饪方面的著述，春秋战国以来，有名的食单、食谱、食经、食疗经方、饮食史录、饮食掌故等著述屡不绝书，散见于诗文之中的材料更是不胜枚举。由于编者水平所限，难免有错讹之处，欢迎大家批评、指正，以便我们在今后的出版工作中加以修订。

中国商业出版社

2019 年 9 月

本书简介

本书刊录和翻译了《山家清供》《闲情偶寄（饮馔部）》两本古籍。

一、《山家清供》

《山家清供》是南宋的一部重要烹饪著作。内容以素食为中心，包括当时流传的一百零四个食品，夹叙夹议，丰富多彩。

山家清供者，乡居粗茶淡饭之谓也。林洪以此为书名，反映了他提倡素食的主张。书中撰述的品种，除一则谈烹调两则讲酿酒，一则道乐器，一则叙食玉，一则及溪石，其余则尽述菜、羹、饭、粥、面、糕、点的佳味雅意，选料大部分为家蔬、野菜、花果、粮米，间也有取料于禽鸟、兽畜、鱼虾的。用料尽管平常，但由于中国烹饪艺术的高超，烹饪方法的奇妙，都会给人们丰富的启发和借鉴。如《蟹酿橙》《莲房鱼包》《山家三脆》《山海兜》《东坡豆腐》《梅粥》《蓬糕》《金饭》《汤绽梅》《梅花汤饼》《雪霞羹》等等，都别出心裁，各具一格，很可使人窥见当时烹饪技术、烹饪艺术已达到的水平，对我们了解南宋江南饮食风貌，研究祖国烹饪历史，提供了很好的史料。如其中记载的《拨霞供》烹食方法，则是“涮羊肉”所用“涮”这种烹调方法的较早记述。

本书作者林洪，字可山，号龙发。除本书外，还撰著有《山家清事》《茹草纪事》等。从他在本书中称林和靖为“吾翁”（见《寒具》）看来，似为钱塘（今浙江省杭州市）人林和靖的后代。但根据不足，也有异议。待考。

《山家清供》有收入《说郛》《夷门广牍》《小石山房丛书》的三种版本传世。这次译注，主要是依据《夷门广牍》辑入的本子，按景明刻本并参照清同治十三年的版本校勘。译注稿曾请王湜华同志审校。

二、《闲情偶寄（饮馔部）》

《闲情偶寄》为清代戏曲理论家、作家李渔（公元1611—约1679年）所撰。

李渔，字笠鸿、谪凡，号笠翁，浙江兰溪人。他才华藻翰，雅谙音律，著有《笠翁十种曲》和小说集《十二楼》等。在《笠翁一家言》中，裒集其所撰诗文，内有《闲情偶寄》六卷，记述有饮食、玩好、园艺、居室、词曲……等方面的个人见解。作者阅历丰富，所论代表当时一部分文人士大夫的生活情趣和认识见解。

本书只译注了《闲情偶寄》中的《饮馔部》，此部全面阐述了主食和荤、素菜肴的烹制和食用之道，娓娓动听，毫无饕餮之态。作者提倡崇俭节用，且能在日常精雅的膳中，寻求饮馔方面的生活乐趣。另一粥一饭之微，蔬笋虾鱼之俭，却都有一定的讲究。全书分论各种饮馔、主要精神不外乎：重蔬食、崇俭约、尚真味、主清淡、忌油腻、讲洁美、慎杀生、求食益八点。全卷虽较少涉及烹饪的技艺，而深得以清淡为主菜系的要义，也正是江南一带膳食的传统风格，大致符合现代的卫生观点。

这个译注本系根据康熙辛亥翼圣堂木刻本，曾经刘松、涂光雍同志审校。

中国商业出版社

2020年9月

目录

《山家清供》

卷之下··························061

《闲情偶寄（饮馔部）》

山家清供

〔宋〕林 洪 撰
乌 克 注释

卷之上

青精饭

青精饭[①]，首以此重谷[②]也。按《本草》：南烛木，今名黑饭草，又名旱莲草，即青精也。采枝叶，捣汁，浸上白好粳米，不拘多少，候一二时，蒸饭。曝干，坚而碧色，收贮。如用时，先用滚水量以米数，煮一滚，即成饭矣。用水不可多，亦不可少。久服，延年益颜。

仙方又有青精石饭，世未知“石”为何也。按《本草》：用青石脂三斤，青粱米一斗，水浸三日，捣为丸，如李大，白汤送服一二丸，可不饥。是知石脂也。

二法皆有据。第[③]以山居供客，则当用前法；如欲效子房[④]辟谷[⑤]，当用后法。

① 青精饭：即立夏吃的乌米饭。清时吴存楷在《江乡节物诗》中说，“青精饭食之延年，本道家者言。杭人呼为乌饭。亦有制以为糕者，于立夏食之”。此俗流传至今。旧时佛教徒，亦多于阴历四月初八造乌饭供佛。

② 重谷：重视饮食调养之道。《黄帝内经·素问·脏气法时论篇》中说：“五谷为养，五果为助，五畜为益，五菜为充，气味合而服之，以补精益气。”重谷，是与道家主张的“辟谷”相对的一种提法。

③ 第：但的意思。

④ 子房：是汉留侯张良的字。据《史记》载，张良年老时，“愿弃人间事”，从仙人游，“乃学辟谷”。

⑤ 辟谷：道教中所谓的“修仙”方法，就是不吃熟食五谷。按道家说法，人体中有叫“三尸”的邪怪，靠五谷而生，危害人体，经过“辟谷”修炼，就可除去“三尸”，求得“长生不老”。

每读杜诗[①]，既曰“岂无青精饭，使我颜色好”，又曰“李侯金闺彦，脱身事幽讨”。当时才名如杜李，可谓切于爱君忧国矣。天[②]乃不使之壮年以行其志，而使之俱有青精、瑶草[③]之思，惜哉！

【译】首先说到青精饭，是表示重视饮食调养之道。《本草》上说：南烛木，现在叫黑饭草，又叫旱莲草，就是青精。采下青精的枝叶，捣烂成浆汁，浸入上白好粳米，不论多少，都要浸一两个时辰，再蒸饭。饭蒸好后，晒干，干后坚硬并呈碧绿色，收藏保存。用的时候，只要按滚水多少放进适量的这种米，煮一滚，就成了青精饭。用水要不多也不少。长期食用，能够延长寿命，改善气色。

道家养生求仙方法中，另有一种“青精石饭”，人们不知道这里的“石”是什么。据《本草》介绍：这种饭是用青石脂三斤，青粱米一斗，用水浸三天，再捣烂做成丸子，如李子大小，用白开水送服一二丸，可以使人肚子不饿。从这里知道，这个“石”指的是石脂。

---

① 杜诗：下引杜诗皆为杜甫所写的《赠李白》中的句子。岂无青精饭，使我颜色好。难道没有青精饭，使我能气色健好。这里是杜甫抒发为困境所苦，叹息引年无术的心情。李侯金闺彦，脱身事幽讨：李白这样才华超众的名士，竟也离开朝廷学道求隐。李侯，指李白。金闺，汉时金马门的别称。当时朝廷征召士人，才能优异的名士（即“彦”），才令待诏于金马门，后借指有才能的人。脱身，指李白被谮发还洛阳时，曾托鹦鹉赋“落羽辞金殿”之事。事幽讨，指李白这一年从高天师学道家秘箓，寻求幽隐一事。

② 天：上天，指当时的最高统治者。

③ 瑶草：即玉芝。神话中的仙草。

两种制法都有依据。但山村人家招待人，就应当用前一种制法；如果是想学张良修道辟谷，就应当用后一种制法。

每当我读杜甫的一首诗，诗里既说“岂无青精饭，使我颜色好”，又说“李侯金闺彦，脱身事幽讨”，就使我想到：当时像杜甫、李白这样有名望、有才华的人物，可说是治国兴邦迫切需要的人才了，而天意竟使他们有为之年得不到施展自己抱负的机会，反而使他们产生了修道求隐的念头，这真是太可惜了！

碧涧羹

芹[①]，楚葵也，又名水英。有二种：荻芹取根，赤芹取叶与茎。俱可食。

二月、三月作羹[②]时，采之洗净，入汤焯过，取出，以苦酒[③]、研芝麻入盐少许，与茴香渍之[④]，可作菹[⑤]。惟瀹[⑥]而

① 芹：《说文》解释为“楚葵，水芹也。今水中芹菜，一名水英”。芹，是古时认为美味的重要蔬菜。《吕氏春秋》中说：“菜之美者，云梦之芹。”因此，旧时常以“芹藻”比喻有高才美德之士。本文引用杜甫诗句，并由此引出末端议论，即含此意。

② 羹：本指五味调和的浓汤，后也泛指稠浓的菜肴或汤菜。

③ 苦酒：西晋炼丹方士称“醋”为“苦酒”。醋，古时称作酢（cù）。也有称作酽（yàn）、醦（chěn）、醯（xī）、浆水等。

④ 渍之：浸腌它。渍，浸。

⑤ 菹（zū）：泡菜、腌菜。

⑥ 瀹（yuè）：以汤煮物。

羹之者，既清而馨[1]，犹碧涧然，故杜甫有“春芹碧涧羹[2]”之句。

或者，芹微草也，杜甫何取焉而诵咏之不暇。不思野人持此犹欲以献于君者乎！[3]

【译】水芹，是江南的蔬菜，又叫水英。它有两种：一种是荻芹，取根部；另一种是赤芹，取叶和茎部。两种都可以吃。

二三月间做汤羹菜时，采来芹菜洗干净后，先放滚水中焯一下，捞出。用醋、芝麻盐少许和茴香腌泡，可以做成腌菜。特别是煮了做成汤羹，既清雅爽口又有一股扑鼻的芳香气，就像身处碧清的溪涧之中。所以，杜甫才有“春芹碧涧羹”的赞词。

也许有人会说，水芹不过是微不足道的水草，有什么值得杜甫这样赞诵不已的。他不去想想，还有人用它比喻自己的才能想贡献给国家呢！

---

① 馨：气味四溢的芳香。

② 春芹碧涧羹：杜甫《陪郑广文游何将军山林十首（其二）》中的诗句。碧涧，芹草所生之处。“碧涧羹”之名，就点明了菜的内容是以芹为料。

③ 这一段是作者解释杜甫之所以诵咏芹菜，是想以此表达他把自己的才能贡献给国家的愿望。“芹献”故事出自《列子·杨朱》，说从前有一个人，将野菜当作美菜（芹）献给贵人，被人嘲笑。后人多用“芹献”作为所献菲薄的自谦之词。野人即山野之人。

苜蓿盘

开元中，东宫[1]官僚清淡[2]，薛令之为左庶子[3]，以诗自悼[4]曰："朝日上团团，照见先生盘。盘中何所有？苜蓿长栏干。饭涩匙难滑，羹稀箸易宽。以此谋朝夕，何由保岁寒。[5]"

上幸东宫，因题其旁曰"若嫌松桂寒，任逐桑榆暖[6]"之句。

令之皇恐归[7]。

每诵此，未知为何物。偶同宋雪岩（伯仁）访郑埜野（钥），见所种者。因得其种并法：其叶绿紫色而灰，长或丈余。采用汤焯、油炒，姜、盐随意，作羹茹[8]之，皆为风味。

---

① 东宫：古时皇太子住的地方，引申代称皇太子。

② 官僚：官吏、官事。官僚清淡，指待遇冷淡清苦。

③ 左庶子：教皇太子读书或侍从的官职名。

④ 自悼：自我伤感。

⑤ 团团：圆形、行走状。苜蓿：豆科植物，旧时教馆生活清苦，常以苜蓿佐食，因此旧常用此作为教馆清苦的象征。如唐庚《除风州教授》诗中的"绛纱谅无有，苜蓿聊可嚼"。栏干：纵横错乱的样子。岁寒：比喻困苦的晚年。诗的大意是：早上太阳团团升起，照着教书先生的菜盘。菜盘中有些什么呢？满盘苜蓿纵横杂乱。饭清涩得连匙子都不滑畅了，菜汤稀得使筷子也夹不起东西。用这个饭菜过日子，哪能维持困苦的晚年。

⑥ 若嫌松桂寒，任逐桑榆暖：假如嫌东宫生活清苦，那你就回家享受晚年之福去吧。松桂，自诩东宫清高华贵。桑榆，晚暮之年。桑榆是两个星座，皆出于西方，太阳到了桑榆这个位置，天就晚暮。

⑦ 皇恐归：惊慌害怕起来，辞官回家了。

⑧ 茹：吃。

本不恶，令之何为厌苦如此？东宫官僚当极一时之选[①]，而唐世诸贤[②]见于篇什皆为左迁[③]。令之寄思恐不在此盘。宾僚之选[④]，至起“食无鱼[⑤]”之叹。上之人乃讽以去，吁[⑥]，薄矣！

【译】唐玄宗开元年间，东宫太子那里的官吏，生活清淡。薛令之在这里做左庶子，写诗抒发自我伤感之情：“朝日上团团，照见先生盘。盘中何所有？苜蓿长栏干。饭涩匙难滑，羹稀箸易宽。以此谋朝夕，何由保岁寒。”

皇帝来东宫，看到诗就在旁边题了“若嫌松桂寒，任逐桑榆暖”的句子。

薛令之吓得连忙辞官回老家了。

每每读到这个故事，总不知薛令之说的是什么东西。有一次，我同宋雪岩一起去访郑埜野，才看到这种菜，并从他那里得了种子和吃法。苜蓿叶子是紫绿中带灰色，长的有丈

---

① 当极一时之选：极选，上选，好中选最好的。指东宫任职的官吏，都是当时拔尖的优秀人才。

② 唐世诸贤：唐代许多有道德、有学问的人。

③ 左迁：贬官降职。

④ 宾僚之选：对门下官员的选用。

⑤ 食无鱼：典出《战国策》齐国冯谖的故事。当时冯谖到孟尝君门下，未被重用，受到粗饭淡食待遇，冯倚柱敲剑唱道：“长铗归来兮，食无鱼！”（长剑啊，我们回去吧，这里连鱼都不给吃）孟尝君听到后，改变了待遇，礼贤下士，后来冯谖的才能在治国中发挥了很好的作用。旧时常用“食无鱼”来表达怀才不遇，受冷落不被重用的愤慨。

⑥ 吁：感叹词。表示不以为然、不同意。

余。苜蓿叶焯水、油炒，姜、盐随自己的心意放，或做成汤羹吃，都很有风味。

本来并不坏的菜，薛令之又为什么那样厌恶叫苦呢？原来，当时到东宫任职的，都是些拔尖的人才，而从文字记载上看，唐代这种德高才重的人都被贬迁了。所以，令之用意恐怕就不在抱怨“苜蓿盘”的好坏上，而是在说自己怀才不遇，才引起像冯谖那种“食无鱼”的伤感。当皇上的竟把他挖苦跑了，唉，这也未免太刻薄了吧。

考亭蔊[①]

考亭先生[②]每饮后，则以蔊菜供。

蔊，一出于盱江，分于建阳；一生于严滩石上。公所供，盖建阳种。《集》有蔊诗可考。

山谷孙崿，以沙卧蔊，食其苗，云：生临汀[③]者尤佳。

【译】考亭先生每次吃酒后，总要用蔊菜做肴。

蔊菜，一种出在江西盱江，传到建阳；另一种是生在严滩石上。考亭公所吃的，是建阳的品种。他的文集中写蔊菜的诗可以证明。

山谷孙崿，是用沙把蔊菜埋起来，只吃长出来的嫩苗，

---

① 蔊（hàn）：葶（tíng）苈（lì），也叫狗荠，一年生草本植物。它的种子就是中药中的葶苈子。

② 考亭先生：南宋哲学家、教育家朱熹。朱熹，字元晦，号晦庵。晚卜筑于建阳之考亭讲学，故人称考亭先生。

③ 汀：临水边的平地。

并说长在水边地上的尤其好吃。

太守羹

梁，蔡撙为吴兴守[①]，不饮郡井[②]，斋前自种白苋、紫茄，以为常饵[③]。

世之醉醲饱鲜而怠于事者[④]，视此得无愧乎？

然，茄、苋性俱微冷，必加芼[⑤]姜为佳耳。

【译】梁时，蔡撙任吴兴太守时，吃的东西从不去骚扰地方，自己在书房前种了一些白苋、紫茄，作为平日吃的蔬菜。

世上那些整日里享用各式美味却懈怠于工作的人，看了蔡撙的行为难道不感到羞愧吗？

不过，茄子、苋菜的食性都属微冷，吃时一定要加一些新拔的姜才比较好。

冰壶珍

太宗[⑥]问苏易简[⑦]曰："食品称珍，何者为最？"

---

① 为吴兴守：任吴兴太守。

② 不饮郡井：不吃地方上的东西，有不骚扰当地百姓的意思。古制，地方上八家为一井，因此，井引申为乡里、百姓之意。

③ 以为常饵：即作为平日的食品。饵，食饵。本指糕点，此处泛指食物。

④ 世之醉醲（nóng）饱鲜而怠于事者：热衷于大吃大喝而工作马虎的人，好吃懒做的人。醲，烈性美酒。鲜，时鲜鱼肉菜肴。怠，怠慢懒散。

⑤ 芼（mào）：拔取（蔬菜）。

⑥ 太宗：指宋太宗赵炅（jiǒng）。

⑦ 苏易简：宋名臣，文学家。

对曰："食无定味，适口者珍。臣心知齑汁[①]美。"

太宗笑问其故。

曰："臣，一夕酷寒，拥炉烧酒，痛饮大醉，拥以重衾[②]。忽醒，渴甚。乘月中庭，见残雪中覆有齑盎[③]，不暇[④]呼童，掬[⑤]雪盥手，满饮数缶[⑥]。臣此时自谓：上界仙厨，鸾脯凤脂[⑦]，殆[⑧]恐不及。屡欲作《冰壶[⑨]先生传》记其事，未暇也。"

太宗笑而然之。

后有问其方者，仆答曰：用清面菜汤，浸以菜，止醉渴一味耳。或不然，请问之"冰壶先生"！

【译】宋太宗问苏易简："食物中称得上珍贵的，哪一样最好？"

苏易简回答说："食物好坏没有固定的标准，适合自己口味的就可说是珍贵的。我就认为泡菜卤最好。"

太宗笑着问其中的缘故。

---

① 齑（jī）汁：即菜卤汁。齑，切细了泡腌的菜。

② 拥以重衾：围盖上厚厚的被子。衾，被子。

③ 盎：腹大口小的盛器，如甏之类。

④ 不暇：没时间；来不及。

⑤ 掬（jū）：用双手捧。

⑥ 缶（fǒu）：饮酒用的小口大腹的盛器，一般瓦质，也有铜制的。

⑦ 鸾脯凤脂：传说仙境中用鸾凤仙鸟做的菜肴，比喻用料贵重难得，味道奇美的菜肴。

⑧ 殆：几乎；恐怕；大概。

⑨ 冰壶：盛冰的玉壶。比喻心地纯洁高尚。

苏易简解释说：“有一天晚上非常寒冷，我烤着火炉，烫着酒，痛痛快快喝得大醉，就围盖着厚厚的被子睡过去了。忽然醒过来，感觉渴得很。便趁着月光来到院中，看到残雪中盖着一个泡菜缸子。当时也顾不上叫家童，捧起雪擦了擦手，满满喝了好几杯。我这时自语说，就是天上仙厨烧的鸾脯凤脂，恐怕也比不上现在这个泡菜卤味道好。后来，我多次想写一篇《冰壶先生传》来记述这个感受，可就是抽不出时间来。”

太宗笑着同意了他的说法。

后人要问到底怎么做“冰壶珍”，我可以回答，用清面菜汤浸上菜，就是解酒渴很好的一味。如果不相信，那就只有请你去问“冰壶先生”了！

蓝田[①]玉

汉《地理志》：蓝田出美玉。

魏[②]，李预每羡古人餐玉之法，乃往蓝田，果得美玉种七十枚。为屑服饵[③]，而不戒酒色。偶病笃，谓妻子曰：“服玉，必屏居山林，排弃嗜欲，当大有神效。而我酒色不绝，自致于死，非药过也。要知长生之法，当能养心戒欲，虽不服玉，亦可矣。”

① 蓝田：据《长安志》，蓝田山在陕西长安县东南三十里，一名覆车山，其山产玉，亦名玉山。

② 魏：指南北朝时的后魏。

③ 为屑服饵：磨粉服用。

今法：用瓢[1]一二枚，去皮毛，截作二寸方，烂蒸，以酱食之。不须烧炼之功，但除一切烦恼妄想，久而自然神清气爽。较之前法，差胜矣[2]。故名“法制蓝田玉”。

【译】汉时《地理志》上说：蓝田出产美玉。

后魏的李预，常羡慕古人服玉而长生不老的方法，于是到蓝田去，果然寻得七十块美玉。磨粉服用，但他却不戒除酒色，结果还是弄得病危将死。他对妻子说：“吃玉求长生，必须摆脱尘俗住到山林里，同一切恶习邪欲隔绝，才会有大的奇效。而我酒色不断，自己作践致死，这不是因为服食玉药的过错啊。要知道，长生养身的方法，在于调养精神，戒除私欲，即使不服用玉粉，也是能达到目的的。”

现在的方法是：用一二个葫芦，去掉皮和毛刺，切成二寸见方，蒸到烂熟，用酱调食。这不用什么烧丹炼药之功，只要排除一切烦恼妄想，长久坚持下去，自然就会神清气爽。这比前一种方法，当然要好一些。所以就叫它“法制蓝田玉”。

豆粥

汉光武在蒌亭时，得冯异奉豆粥[3]，至久且不忘报[4]，况

---

① 瓢：即葫芦。

② 差胜矣：较好些，更好一点。

③ 得冯异奉豆粥：公元24年，刘秀初起兵，在河北与王郎争战，被追兵所迫，连夜南逃，到达饶阳芜蒌亭（即蒌亭），天冷无食，脸冻裂，饿得要死。这时，冯异给他弄来豆粥，才使刘秀免于饥寒。冯异是刘秀部下的一员大将，人称“大树将军”。

④ 久且不忘报：指刘秀后报之以功，曾降旨嘉奖冯异。

山居可无此乎！

用沙缾[①]烂煮赤豆，候粥少沸，投之同煮，既熟而食。东坡诗曰："岂如江头千顷雪色芦，茅檐出没晨烟孤。地碓舂秔光似玉，沙缾煮豆软如酥。我老此身无著处，卖书来问东家住。卧听鸡鸣粥熟时，蓬头曳履君家去[②]。"此豆粥之法也。

若夫[③]金谷[④]之会，徒咄嗟以夸客[⑤]，孰若山舍清谈徜徉[⑥]，以候其熟也。

【译】汉光武帝在蒌亭遇难时，得到冯异弄来的豆粥，尚且很久以后还不忘报答此事，更不要说，我们隐居山里的人，怎么可以没有豆粥呢！

① 沙缾（píng）：腹大颈长的陶器。缾，即"瓶"。

② 这里是苏东坡的《豆粥》一诗。大意为，这怎比得上在一片雪色芦衣的江边，茅檐隐没在晨雾之中，把米舂得光亮似玉，加上砂锅煮的豆十分酥软。我这老身没有落脚的地方，只有像杜甫那样卖书找个东家，睡梦中听到鸡叫粥也烧熟了，顾不得梳头穿鞋就赶了过去。

③ 若夫：至于。

④ 金谷：晋朝洛阳城中的著名花园金谷园，为大富豪石崇（即石季伦）所有。石崇在这里同另一富豪王恺斗富，用美女掌厨，一声呼唤，就把酥香的豆粥端上了桌，还有冬天难得的蒿、韭菜。王恺比输了还弄不清楚是怎样回事，后买通石崇家人，才解开了其中的秘密。原来，石崇是让家人把豆子煮熟晒干磨粉，客来一声呼唤，用热粥冲进豆粉一搅就成。蒿、韭也是用它们的干根捣细，掺上麦苗代替的。

⑤ 徒咄（duō）嗟（jiē）以夸客：只不过是故弄玄虚来向客人夸耀。咄嗟，即一霎时。《晋书·石崇传》："崇为客作豆粥，咄嗟便办。"

⑥ 孰若山舍清谈徜徉：哪能比得上山村人家从容不迫地等待豆粥烧透煮烂。孰若，何如；哪能比得上。清谈徜徉，指闲谈散步。

用砂锅把赤豆煮得酥烂，等粥烧滚，放进去一起煮，等烧好就可以吃了。苏东坡的诗说："岂如江头千顷雪色芦，茅檐出没晨烟孤。地碓舂秔光似玉，沙缾煮豆软如酥。我老此身无著处，卖书来问东家住。卧听鸡鸣粥熟时，蓬头曳履君家去。"这里面就说了烧豆粥的方法。

至于像石崇在金谷园斗富中的烧豆粥，只不过是故弄玄虚来向客人夸耀，哪能比得上山村人家从容不迫地等待豆粥烧透煮烂啊。

蟠桃饭

采山桃，用米泔①煮熟，漉寘②水中。去核，候饭涌，同煮顷之，如盦饭法③。

东坡用石曼卿海州事④诗云："戏将桃核裹红泥，石间散掷如风雨。坐令空山作锦绣，倚天照海光无数。"此种桃法也。

桃三李四⑤。能依此法，越⑥三年皆可饭矣。

---

① 米泔：淘米水。

② 漉（lù）寘（zhì）：滲干、滤出。寘，同"置"。

③ 盦（ān）饭法：烧焖饭的方法，柴烧焖饭。

④ 石曼卿海州事：石曼卿即北宋文学家石延年。刘延世《孙公谈圃》中一段植树的故事，即此处所指的"石曼卿海州事"，故事说"石曼卿谪海州，日使人拾桃核数斛，人迹不到之处，以弹弓种之。不数年，桃花遍山谷中"。苏东坡采用这个素材写成了这首诗。

⑤ 桃三李四：果农谚语，是说桃种三年挂果，李种四年有收获。

⑥ 越：过了。

【译】采摘来山桃，用淘米水煮熟，滤出放到水中。去掉桃核，倒进滚涌的饭中，同煮一会儿，然后像烧干饭那样焖起来。

苏东坡用石曼卿海州种桃的事情写诗说："戏将桃核裹红泥，石间散掷如风雨。坐令空山作锦绣，倚天照海光无数。"这里讲了种桃的方法。

桃三李四，能依照上面这个方法，过三年就都可吃了。

寒具

晋，桓元[1]喜陈书画。客有食寒具不濯手而执书帙[2]者，偶污之，后不设。

寒具，此必用油、蜜者。《要术》并《食经》[3]者，只曰"环并"，世疑"馓子"也。或，巧夕[4]酥蜜食也。杜甫十月一日，乃有"粔籹作人情"之句；《广记》则载于寒食事中。三者俱可疑。

---

① 桓元：即桓玄，东晋末年一大军阀。

② 帙（zhì）：用布帛制成的书套子。

③ 《要术》并《食经》：《要术》即贾思勰的《齐民要术》简称。《食经》为谢机撰。《齐民要术》中有"细环并，一名寒具，脆美"的记述，《食经》也有类似记载。因此，本文说两书是"只曰"了这一方面。

④ 巧夕：夏历七月初七晚上。民间神话说，这天牛郎、织女星踏鹊桥相会。旧习俗中，这天晚上姑娘们要在庭院中设香案及酒果，乞巧于织女、牛郎星。因此，此夜称"巧夕"。

及考朱氏注《楚辞》“粔籹蜜饵，有餦餭些[①]”，谓“以米面煎熬作之，寒具也”。以是知，《楚辞》一句是自三品：粔籹乃蜜面之干者，十月开炉，饼也；蜜饵乃蜜面少润者，七夕蜜食也；餦餭乃寒食具，无可疑者。闽人会名煎铺，以糯粉和面油煎，沃以糖[②]，食之不濯手则能持物，且可留月余，宜禁烟用也。

吾翁和靖先生[③]《山中寒食》诗云：“方塘波静杜蘅青，布谷提壶已足听。有客初尝寒具罢，据梧慵复散幽径。”吾翁读天下书，和靖先生且服其和琉璃堂图事[④]。信乎，此为寒食具者矣。

【译】晋代的桓元喜欢摆设书画。有一个客人吃过“寒具”不洗手就拿着看，把书画弄脏了，从此他就不再给客人吃寒具了。

寒具一定是用油和蜜制成的。《齐民要术》和《食经》

① 粔（jù）籹（nǔ）蜜饵，有餦（zhāng）餭（huáng）些：引自《楚辞》的《招魂》篇。粔籹“言以蜜和米面，熬煎作粔籹”（据王逸注）。餦餭，干饴，作饼，作饵。《通雅·饮食》中说，“餦餭、环饼……皆寒具，糦（cè）子也。”本文则区别为，粔籹是蜜面做的干饼，蜜饵是蜜面润软的糕点，餦餭是“宜禁烟用”的蜜面食物。

② 沃以糖：用糖汁浇在上面。沃，灌、浇。

③ 和靖先生：宋时林逋，一生不做官，长期隐居杭州西湖孤山上。不娶妻，种梅养鹤，称为“梅妻鹤子”。

④ 琉璃堂图事：琉璃堂在江宁。唐时著名诗人王昌龄，开元二十八年（公元740年）任江宁丞，曾在这里与李白等唱和吟咏。周文矩作《琉璃堂人物图》，描绘盛唐诗人聚集唱和这一故事。文中提及此图事似指林和靖也有类似聚集唱和。

上，都只说它是“环饼”，可大家猜测它是馓子。也有说这是七巧节吃的那种“酥蜜食”的。杜甫在写十月一日时，又写有“粔籹作人情”的诗句，而《广记》却又把它写进寒食节的事情里。三种说法都有可疑的地方。

等考证了朱氏注《楚辞》的“粔籹蜜饵，有餦餭些”，说是用米面煎熬做的就是寒具，才知道《楚辞》上这句话是讲了三个品种：粔籹是蜜面做得干燥的，十月里开炉烘烤的，那就是“环饼”；蜜饵是蜜面做得稍微润潮些的，就是七月初七晚上吃的酥蜜食；餦餭是寒食具，这就没有什么可以怀疑的了。福建人会名煎铺，用糯米粉和面，放油中煎，再用糖浇润制成的，吃完不用洗手就能拿东西，而且可以放一个多月的时间，适宜于在禁生烟火的寒食节中备用。

我的先人和靖先生有一首《山中寒食》诗说：“方塘波静杜蘅青，布谷提壶已足听。有客初尝寒具罢，据梧慵复散幽径。”先人书读得多，又像《琉璃堂人物图》那样，多与名士唱和咏吟，饱学识广，诗中所写的就是寒食节的寒食具了，你信不信?

黄金鸡

李白诗云：“堂上十分绿醑[1]酒，盘中一味黄金鸡。”

其法：燖[2]鸡净洗，用麻油、盐，水煮，入葱、椒。候

---

① 醑（xǔ）：美酒。

② 燖（xún，qián）：用开水褪毛；沉肉于滚汤中使半熟。

熟，擘[①]钉，以元汁别供。或荐[②]以酒，则“白酒初熟，黄鸡正肥”之乐得矣。

有如新法川炒等制，非山家不屑为，恐非真味[③]也。每思茅容以鸡奉母[④]，而以蔬奉客，贤矣哉！

《本草》云：以鸡小，毒补[⑤]，治满[⑥]。

【译】李白诗句说：“堂上十分绿醑酒，盘中一味黄金鸡。”

黄金鸡的做法是：用开水褪去鸡毛，洗干净，加麻油、盐，用水煮，放葱和花椒。等烧熟，剖切成丁，原汤另上。或者加酒，那么真可得到“白酒初热，黄鸡正肥”的一番乐趣了。

有的用新法川、炒烹制，不是我们山里人不愿这样做，实在是怕这样做出来的就不是原味了。每想到茅容用鸡奉敬母亲，用蔬菜招待客人，就觉得他的道德很高尚啊！

《本草》上讲，以小鸡最为滋补，能够治满。

---

① 擘（bò）：剖分开。

② 荐：接连，掺兑入。或荐以酒，或者把酒掺兑进去。

③ 真味：本来内在的好味道。有的版本在此句有“或取人字为有益今益作人字鸡晋份类也”17字。

④ 茅容以鸡奉母：据《后汉书·郭太傳》，茅容，字季伟，陈留人。林宗寓宿他家，茅容晨起杀鸡，林宗以为为己。待成肴，见茅容拿去奉敬自己的母亲食用，而自己只用蔬菜来同林宗吃饭。林宗感佩敬拜。

⑤ 毒补：大补。毒，酷烈的意思。

⑥ 满：病名。一说通“懑（mèn）”，烦闷，《汉书·石显传》，“忧懑不食”。一说即肿，如肝满、胸满、肺满，见《素问·大素论》。

槐叶淘[1]

杜甫诗云："青青高槐叶，采掇付中厨。新面来近市，汁滓宛相俱。入鼎资过熟，加餐愁欲无[2]。"即此见其法。于夏采槐叶之高秀者，汤少瀹，研细滤清，和面作淘，乃以醯[3]、酱为熟虀，簇[4]细茵以盘行之，取其碧鲜可爱也。

末句云："君王纳凉晚，此味亦时须。"不唯见诗人一食未尝忘君，且知贵为君王，亦珍此山林之味旨[5]哉。诗乎！

【译】杜甫有首诗说："青青高槐叶，采掇付中厨。新面来近市，汁滓宛相俱。入鼎资过熟，加餐愁欲无。"从诗中可以看出"槐叶淘"的做法。在夏天采摘嫩槐叶，用水汆过，研细滤出清汁，拌入面条，加上醋、酱做的熟腌菜，聚齐细茵以盘行，是采取它碧绿可爱这一点。

杜诗结尾说："君王纳凉晚，此味亦时须。"这一句不但可看出诗人每吃到一样东西都不曾忘记君主，而且也可了解贵为君主的，也是珍贵这山乡的美味啊。这仅仅是诗吗？

---

① 槐叶淘：即用槐叶汁过水的凉拌面。淘，冷淘，凉面一类的食品。

② 杜甫《槐叶冷淘》诗：大意是高枝头上的青槐叶，采摘拾掇好交给厨房。新面从附近市场买来，拌进槐叶汁滓中。上锅蒸到透熟，吃饭就不用愁了。掇，收拾，拾掇，择净。中厨，家厨。资，资质，生性。

③ 醯：醋。

④ 簇：聚集。

⑤ 旨：味美。

地黄馎饦[①]

崔元亮《海上方[②]》：治心痛，去虫积，取地黄[③]大者，净，捣汁和面，作馎饦食之，出虫尺许，即愈。正元[④]间，通事舍人崔杭女作淘食之，出虫如蟇[⑤]状，自是心患除矣。

《本草》：浮为天黄，半沉为人黄，惟沉者佳。宜用清汁，入盐则不可食。

或净细截，和米煮粥，良有益也。

【译】崔元亮的《海上方》说：治心痛，去虫积，用大的地黄，洗净，捣出汁水和细面，做面片服用，排泄出一尺左右的寄生虫，病就好了。正元年间，通事舍人崔杭的女儿做成凉面吃了之后，排出像蟆的虫子，从此除掉了心病。

《本草》上说：地黄放在水中能浮起来的是天黄，半沉的是人黄，只有能沉下去的地黄药效最好。用时，最好用清汁，如果加盐就不可以吃了。

或者是把地黄洗净切细，同米一起烧粥吃，也很有好处。

---

① 馎（bó）饦（tuō）：也写作“馎（bó）饦”或“不托”。水煮的一种面食。据《齐民要术》介绍：“馎饦，挼如大指许，二寸一断，著水盆中浸，宜以手向盆旁挼使极薄，皆急火逐沸熟煮。”欧阳修说：“汤饼，唐人谓之不托，今俗谓之馎饦矣。”参见《梅花汤饼》注释。

② 海上方：书名。记常见病证单验方。

③ 地黄：玄参科，多年生草本。根茎中医入药。

④ 正元：三国时魏曹髦（máo）年号。

⑤ 蟇（má）：通“蟆”。

梅花汤饼[1]

泉之紫帽山，有高人[2]尝作此供。

初浸白梅、檀香末水，和面作馄饨皮。每一叠，用五分铁凿如梅花样者，凿取之。候煮熟，乃过于鸡清汁内，每客止二百余花。

可想，一食亦不忘梅。后留玉堂元刚亦有如诗："恍如孤山下，飞玉浮西湖[3]。"

【译】泉地的紫帽山上，有位志行高尚的雅士曾做此食。

先用白梅、檀香末浸泡，取浸出的汁水和面，做成馄饨皮子。每叠皮子，用五分大小的梅花形铁凿，凿成花的形状。放锅中煮熟后，盛到鸡汁清汤中，每客只需二百余花。

可想而知，他是一餐饭也忘不了梅花。后留玉堂的元刚也有这个吃法，像诗所形容的："恍如孤山下，飞玉浮西湖。"

椿根馄饨

刘禹锡[4]煮樗[5]根馄饨法：立秋前后，谓世多痢及腰痛，

---

① 汤饼：面片、面条、馄饨皮子一类的汤煮面食。

② 高人：即高士，指志行高尚的雅士，旧多指隐者。

③ 诗句大意：仿佛孤山梅丛下面，白玉般的云飘浮在西湖上。

④ 刘禹锡：（公元 772—842 年）河南洛阳人。唐代诗人。

⑤ 樗（chū）：木名，亦叫"臭椿"，根皮可供药用，性寒，味苦涩，功能清利湿热收，涩，主治湿热带下、肠风下血、泻痢等。

取樗根一大两，握捣筛，和面捻馄饨，如皂荚子[1]大，清水煮，日空腹服十枚，并无禁忌。

山家良有客。至，先供之十数，不惟有益，亦可少延早食。

椿[2]实而香，樗疏而臭，惟椿根可也。

【译】刘禹锡有一种煮樗根馄饨的方法：立秋前后，常发生痢疾和腰痛病，这时采取一大两樗根，捣烂筛过，和进面中捻做馄饨，每只大小像皂荚子，用清水煮。每天空腹时吃十只，对再吃别的并没有禁忌。

山村人家常有客来。来了，先做十几只这种馄饨吃吃，不但有防疫保健的好处，而且也可少备早餐。

香椿坚实有香味，樗松散有臭味，所以只有椿根才好。

玉糁羹[3]

东坡一夕与子由[4]饮，酣甚[5]，槌[6]芦菔[7]烂煮，不用他

① 皂荚子：即皂荚内的种子。皂荚属豆料，荚果直而扁平。

② 椿：指香椿。

③ 玉糁羹：本文介绍的是用萝卜作料煮成的食品。但所引苏东坡赞语，则是用另一种原料制作的羹。苏诗有一首题为“过子忽出新意，以山芋作玉糁羹，色香味皆奇绝。天上酥陀则不可知，人间决无此味也”，即为引语所据，略有出入。改用山芋作料，这是因为当时苏东坡“所食淮芋”。改变用药后，东坡在诗中赞曰：“香似龙涎仍酽白，味如牛乳更全清。莫将南海金齑脍，轻比东坡玉糁羹。”

④ 子由：苏东坡弟苏辙的字。

⑤ 酣（hān）甚：饮得十分畅快。酣，饮酒尽兴。

⑥ 槌：通“捶”，拍敲。

⑦ 芦菔：即萝卜。

料，只研白米为糁[①]，食之，忽放箸抚几曰："若非天竺酥酡[②]，人间决无此味！"

【译】苏东坡一天晚上同弟弟子由喝酒。酒喝多了，就把萝卜捣碎煮烂，也不再加别的作料，只用白米研粉调成羹来吃。吃着吃着，苏东坡忽然放下筷子，抚摸着桌子赞叹说："如果不是仙境的美食佳糕，世上哪有这样的好味道！"

百合面

春、秋仲月[③]，采百合根曝干，捣、筛和面，作汤饼，最益血气。又，蒸熟，可以佐酒。

《岁时广记》："二月种，法宜鸡粪化。"《书》："山蚯化为百合，乃宜鸡粪。"岂物类之相感耶？

【译】春二月以及秋八月，采百合根晒干，捣碎筛粉和面，可做面片煮食，最益于补血养气。另外，蒸熟可以做下酒的菜。

《岁时广记》说："二月栽种百合，适宜用鸡粪化育。"《书经》上讲："山蚯有利于百合生长，所以要用鸡粪引来。"这不正是事物的相互影响吗！

① 糁（sǎn）：以米和羹。

② 酥酡（tuó）：酥软味美的糕食。

③ 仲月：古人把每季的第二个月称仲月，二月、五月、八月、十一月，即为仲春、仲夏、仲秋、仲冬。

括蒌[①]粉

孙思邈[②]法：深掘大根，厚削至白，寸切，水浸，一日一易，五日取出，捣之以办[③]，贮以绢囊[④]，滤为玉液[⑤]，候其乾矣，可为粉食。杂粳为糜[⑥]，翻匙雪色[⑦]，加以乳酪，食之补益。

又方：取实，酒炒微赤。肠风血下，可以愈疾。

【译】唐孙思邈做括蒌粉的方法：深挖出括蒌的大根，削去厚皮直到根的白色部分，切成一寸长短，用水浸泡。每天换一次水，浸五天后取出，完全捣烂以后，就放到绢制的袋子中，把它的玉白色乳汁滤榨出来，放着等它干了，可以做粉吃。掺进粳米做粥，用匙子搅打成雪白色，再加上乳酪，吃了对身体很有补益。

另有一法：用括蒌的果实，放酒炒到稍有红色，吃了可治疗肠风血下的毛病。

---

① 括蒌（lóu）：也叫栝蒌、瓜蒌。葫芦科多年生草本植物，块根肥厚，富含淀粉。果皮、种子、根，都可入药。根在中药中叫“无花粉”，能清热、生津；主治热病、消渴。果实在中药中称“全括蒌”，性寒，味甘，功能润肺宽胸、清热化痰，主治胸痹胁痛、咳嗽痰多、大便干燥等。

② 孙思邈：（公元 581—628 年）京兆华原（今陕西耀县）人。唐代名医学家。他总结了唐以前临床的理论和经验，著有《千金要方》《千金翼方》等。

③ 捣之以办：捣烂制成。办，做成。

④ 绢囊：绢制袋子。

⑤ 玉液：玉白色的液汁。

⑥ 杂粳为糜：掺混进粳米做粥。杂，混合。糜，粥。

⑦ 翻匙雪色：用匙子翻搅成雪白色。

素蒸鸭

（又云庐怀谨事）

郑馀庆[1]召亲朋食，敕令家人曰："烂煮去毛，勿拗折项[2]。"客意鹅鸭也。良久，各蒸葫芦一枚耳。

今，岳倦翁（珂）[3]书食品付庖者诗云："动指不须占染鼎[4]，去毛切莫拗蒸壶。"岳，勋阅阀[5]也，而知此味，异哉！

【译】郑余庆邀请亲友吃饭时，吩咐家里人说："要煮烂了去掉毛，千万不要拗断了头颈。"客人以为是要烧鹅鸭呢。过了一会儿，送上来的，不过是每人给蒸了一只葫芦罢了。

现在，岳珂交给厨师食品单子时写诗说："动指不须占染鼎，去毛切莫拗蒸壶。"岳家是有功勋的人家，也知道这种烹饪故事，真怪！

① 郑馀庆：唐相。本文所述事见《卢氏杂说》。

② 拗折项：拗断（葫芦）颈。折项，即拗项。《因话录》："尚书省东南隅道衢有小桥，相目谓'拗项桥（一作'折项桥'）'，言侍御史及殿中久次（久未升迁）者，至此必拗项而望南宫也。"这里和下文所引岳诗两句是双关语，大意是：不要钻营谋取高官厚禄。项，颈、脖子。

③ 岳倦翁：南宋文学家、史学家。名将岳飞的孙子，号倦翁，名珂，字肃之。曾作《金陀粹编》。

④ 染鼎：《左传》里郑公子宋"染指于鼎，尝之而出"的故事。

⑤ 勋阅阀：有功勋阅历的人家。

黄精[1]果

（饼茹）

仲春，深采根，九蒸九曝，捣如饴[2]，可作果食[3]。又，细切一石，水二石五升，煮去苦味，漉入绢袋，压汁澄之，再煮如膏[4]，以炒黑豆黄为末，作饼约二寸大，客至可供二枚。又，采苗可为菜茹[5]。

随公羊服法[6]。芝草之精也，一名“仙人余粮”，其补益可知矣。

【译】二月里，深挖黄精根，反复蒸晒多次，捣成糖饴一样的稠糊，可以做点心。另外，将一石黄精根切细，加水二石五升，煮去它的苦味，捞到绢袋子中，压出汁水来澄清，再煮熬成稠膏，用炒黑的豆黄作粉，做成二寸左右的饼，客人来了，可供给二个。又一种吃法，采苗子即可做菜吃。

随公羊服法，是芝草的精华，又叫“仙人余粮”，从名字就可想而知它的滋补效果了。

---

① 黄精：百合科多年生草本植物，地下具横生根茎，肉质肥大，茎长而较柔弱。浆果球形，熟时黑色。野生山坡林下。根茎可入药，性平味甘，有补气、润沛、生津功能，主治脾胃虚弱、肺虚咳嗽、体倦乏力、内热消渴等。

② 饴：糖浆、糖稀，或指似糖浆的稠状浆液。

③ 果食：茶果点心类食品。

④ 膏：胶状厚浆。

⑤ 可为菜茹：即可做菜吃。茹，此处作吃菜解。

⑥ 公羊服法：指饼的吃法。据《三国志·裴潜传》注：“司隶钟繇（yáo）不好公羊而好左氏，谓左氏为太官，而谓公羊为卖饼家。”太官则珍馐罗列，卖饼家所卖仅饼而已。

傍林鲜

夏初，林笋盛时，扫叶就竹边煨熟，其味甚鲜，名曰“傍林鲜”。

文与可[①]守临川[②]，正与家人煨笋午饭，忽得东坡书诗云：“想见清贫馋太守，渭川千亩在胃中[③]。”不觉喷饭满案。

想作此供也。大凡笋，贵甘鲜，不当与肉为友。今俗庖多杂以肉，不才有小人便坏君子。“若对此君仍大嚼，世间那有扬州鹤[④]”，东坡之意微矣！

【译】初夏，林中竹笋盛长的时候，把落叶扫到竹子旁，把笋烤熟，味道特别鲜美，这就叫“傍林鲜”。

文与可做临川太守时，有一次正同家里人煨烧着竹笋吃

---

① 文与可：文同，字与可，北宋名画家，以画竹著称。他是苏东坡的表兄。

② 守临川：据苏东坡《文与可画筼（yún）筜（dāng）谷偃竹记》，实为守洋州。洋州，今山西省洋县。

③ 此处所引，与原诗略有出入。原诗为：“汉川修竹贱如蓬，斤斧何曾赦箨龙，料得清贫馋太守，渭滨千亩在胸中。”箨（tuò）龙，即竹笋。渭滨千亩，《史记·货殖列传》中有“渭川千亩竹，其人与千户侯等”句。东坡用此典跟文与可开玩笑，说他馋于吃竹，把相当于千户侯的财富——千亩竹林全吃到肚子中去了，成了清贫。

④ 此处引自苏东坡《於潜僧绿筠轩》一诗。此诗为：“可使食无肉，不可使居无竹。无肉令人瘦，无竹令人俗。人瘦尚可肥，俗士不可医。旁人笑此言，似高不似痴。若对此君仍大嚼，世间那有扬州鹤。”此君，对竹的称呼，扬州鹤，喻想满足一切欲望。用《殷芸小说》讲的典故：有客相从，各言所志，或愿为扬州刺史，或愿多货财，或愿骑鹤上升。其一人曰：“腰缠十万贯，骑鹤上扬州。”兼有三人之所欲。所引两句的含意就是：庸俗与高雅不能混为一谈，要想满足一切欲望是不可能的。

午饭，忽然收到苏东坡写来的诗，上面写着："想见清贫馋太守，渭川千亩在胃中"，禁不住笑得把口中的饭都喷了满桌子。

想来做这个菜，是应该突出笋的清鲜甘甜，不适于同肉混烧。现在一般俗庸的厨师大都要掺进肉来烧，这不正像有了小人便要坏了君子的清雅。"若对此君成大嚼，世间那有扬州鹤"，苏东坡写给文与可的诗意太妙了！

雕菰①饭

雕菰，叶似芦，其米黑，杜甫故有"波翻菰米沉云黑"之句。今，胡穄②是也。曝干，砻③洗，造饭既香而滑。杜诗又云："滑忆雕菰饭"。

又，会稽人顾翱，事母孝著。母嗜雕菰饭，翱常自采撷④。家住太湖，后湖中皆生雕菰，无复余草，此孝感也。

世有厚于己，薄于奉亲者，视此宁无愧乎？呜呼，孟笋王鱼⑤，岂有偶然哉！

---

① 雕菰（gū）：就是茭白。多年生宿根水生草本植物，夏秋抽出花茎，经一种黑粉菌侵入，茎部形成肥大的嫩茎部分，就是今天常供食用的茭白。它的果实狭圆柱形，名"菰米"，又叫"雕菰"米，色黑，就是本文所说的。

② 胡穄（jì）：菰米的古称。

③ 砻（lóng）：磨搓脱米谷。

④ 撷（xié）：摘下。

⑤ 孟笋王鱼：说的是两个孝敬父母的故事，见于旧时的《二十四孝》。孟宗的母亲想吃笋，当时不是长笋的时候，儿子到竹林中祈求，感动了上天，长出了竹笋，满足了他孝敬亲人的心意。王祥为使亲人吃到鱼，酷冷严寒中脱衣卧在冰封的湖上，结果用体温融开了一个冰洞，得到了他所需要的大鱼。

【译】雕菰，叶子像芦苇，它的子（菰米）是黑色的，所以杜甫才有“波翻菰米沉云黑”的诗句。现在说的胡穄，就是指的雕菰米。雕菰米晒干，磨搓掉米壳洗净，做的饭又香又滑。所以杜甫在诗中又说：“滑忆雕菰饭。”

绍兴人顾翱，因孝敬母亲而很出名。他母亲最爱吃雕菰饭，顾翱总是亲自去采集菰米。那时，他家住在太湖，后来湖中长满了雕菰，再也不长别的水草了。这是他的孝心感动了上天！

世上那些只顾自己，不孝敬父母的人，看到这个故事能不问心有愧吗？孟宗哭竹求笋、王祥卧冰得鱼这类孝敬父母的事例，难道是偶然才有的吗！

锦带羹

锦带者，又名文官花[①]也。条生如锦，叶始生柔脆，可羹。

杜甫诗有“香闻锦带羹”之句，或谓莼[②]之萦纡如带，况莼与菰同生水滨。昔，张翰临风必思莼鲈[③]以下气。按《本草》：莼鲈同羹，可以下气、止呕。以是知，张翰在当

① 文官花：也叫文冠花。落叶灌木或小乔木，羽状复叶，小叶狭椭圆形，花瓣白色带紫条纹，因此有“锦带”之称。果实可吃，也可榨油。

② 莼（pò）：即莼菜。古亦称为“茆”（máo）。多年生宿根水草植物，叶椭圆形，浮水面，茎叶背有黏液，花暗红，嫩叶清香，可做汤羹。“西湖莼菜羹”即此味名菜。

③ 张翰临风必思莼鲈：据《晋书·张翰传》，齐王司马冏（jiǒng）执政时，西晋文学家张翰在洛阳做官，知冏将败，又因秋风起，张思念故乡菰菜、莼羹、鲈鱼脍，感慨自己景况不如意，说：“人生贵在适志，何能羁宦数千里，以要名爵乎！”于是托“莼鲈之思”退隐。后常用此典故表示思乡之情。

时意气抑郁，随事呕逆，故有此思耳。非蓴鲈而何！杜甫卧病江阁[①]，恐同此意也。谓锦带为花，或未必然。

仆[②]居山时，因见有羹此花[③]者，其味亦不恶。注谓吐锦鸡，则远矣。

【译】锦带，又叫文官花。花上生有一条条花纹好像锦带，刚生出来的叶子柔软脆嫩，可做羹菜吃。

杜甫诗中的“香闻锦带羹”这一句，可能是指莼菜的弯曲缠绕，因为莼菜和茭白都是生在水边的。从前，张翰总在秋风初起的时候，就想退隐回乡吃莼菜鲈鱼来顺气。据《本草》上讲，莼菜与鲈鱼一起做羹，可以顺气止吐。张翰当时心情不舒畅，感到别拗，所以才有这个念头。杜诗如果不是说莼菜鲈鱼羹又能是什么！杜甫病中卧床江边写的这首诗，恐怕也是同张翰一样的意思啊。所以说，把“锦带”解释为花，就不一定对了。

不过，我在山里生活时，确曾见过用文官花做羹的，味道也不错。至于把“锦带”解释为吐锦鸡，那就同实际相差太远了。

---

① 杜甫卧病江阁：指杜甫一生坎坷，安史之乱后，弃官居秦州、同谷，又移家成都，筑草堂于浣花溪上。晚年携家出蜀，病死于行湘江途中。作者以杜甫的景况与张翰类比，故判断杜的诗句是指蓴羹。

② 仆：作者的谦称。

③ 羹此花：以此花做羹。这里羹为动词。

煿[1]金煮玉

笋取鲜嫩者，以料物和薄面拖[2]，油煎，煿如黄金色，甘脆可爱。

旧游莫干[3]，访霍如庵（正夫），延早供[4]。以笋切作方片，和白米煮粥，佳甚。因戏之曰：此法制，惜气[5]也。

济颠[6]《笋疏》云："拖油盘内煿黄金，和米铛[7]中煮白玉。"二句兼得之矣。霍北司贵分也，乃甘山林之味[8]，异哉。

【译】取鲜嫩的竹笋，在掺有配料的薄面糊中拖过，放油中煎，煎成金黄色，口感甘脆，形状可爱。

过去我游莫干山时，到霍如庵（正夫）家做客，他请我吃早饭。笋切成片，和进白米中烧稀饭，味道非常好。因此开玩笑说，这是标准的做法，竹笋中的鲜气都能得到珍惜保存了。

济颠在《笋疏》中说："拖油盘内煿黄金，和米铛中煮白玉。"这两句把两种吃法全都刻画出来了。霍北司是尊贵

① 煿（bó）：通"爆"，此处指两面煎。

② 以料物和薄面拖：即用调料和面浆挂糊。

③ 莫干：浙江莫干山。

④ 延早供：请吃早饭。延，邀请。

⑤ 惜气：珍惜原料中的本味。

⑥ 济颠：俗世所称之"济公活佛"。

⑦ 铛（chēng）：平底锅。

⑧ 甘山林之味：喜好乡居山味。甘，嗜。

人家，竟爱吃这种乡居山味，真是特别啊！

土芝丹

芋，名土芝。

大者，裹以湿纸，用煮酒和糟涂其外，以糠皮火煨之。候香熟，取出安拗[①]地内，去皮，温食。冷则破血[②]，用盐则泄精。取其温补，其名“土芝丹”。

昔，懒残师[③]正煨此牛粪火中，有召者，却之曰：“尚无情绪收寒涕，那得工夫伴俗人[④]。”又，山人诗云：“深夜一炉火，浑家团栾[⑤]坐，煨得芋头熟，天子不如我。”其嗜好可知矣。

小者，曝干入瓮，候寒月，用稻草盦熟，色香如栗，名“土栗”。雅宜山舍拥炉之夜供。

赵两山（汝淦）诗云：“煮芋云生钵，烧茅雪上眉[⑥]。”盖得于所见，非苟作[⑦]也。

---

① 安拗（ǎo）：用手折断。

② 破血：中医术语。指某些药物的行气活血作用比较强。

③ 懒残师：唐代高僧明瓒禅师。初居衡岳寺为众僧所役，食退，即收所余。性懒而食残，因名懒残。唐名相李泌寓衡时，夜里前去看他，懒残正拨弄火在煨烧芋头，拿出半只芋头来吃，对李泌说：“不要多讲，去做你的十年宰相去。”

④ 尚无情绪收寒涕，那得工夫伴俗人：形容吃煨芋兴高采烈，连天冷冻出的鼻涕水都没心思揩，哪里还有工夫去应酬俗里俗气的人。

⑤ 团栾：团聚。

⑥ 煮芋云生鉢（bō），烧茅雪上眉：大意是蒸汽如云腾起在煮芋的鉢中，烧茅草时眉毛上沾满雪花似的灰烬。鉢，同“钵”。

⑦ 苟作：草率马虎、粗制滥造的作品。苟，草率；苟且。

【译】芋艿，叫“土芝”。

大的芋艿，用湿纸包起来，把酒煮热和糟涂在纸外面，放在糠皮文火中煨烤。等煨熟出香味时，就取出来折放在地上，剥去皮，趁温热吃。冷了吃要破血，用盐则要泄精。只有这种吃法，才能取得温补的效果，取名叫“土芝丹”。

以前，懒残师正在牛粪火中煨芋艿，有人来请他，他拒绝说：“现在我连鼻涕都顾不得揩，哪还有工夫出去陪伴一般人。”另外，山人的诗说：“深夜一炉火，浑家团栾坐。煨得芋头熟，天子不如我。”他好芋艿之深就可想而知了。

小的芋艿，晒干后放在瓮中收藏，等冬天拿出来用稻草烧焖熟，颜色和香味都像栗子，所以叫“土栗”。山村夜晚中围着火炉吃很适宜。

赵两山（汝淦）写诗说：“煮芋云生钵，烧茅雪上眉。”这是亲身感受，不是随便说说的。

柳叶韭

杜诗“夜雨剪春韭[①]”，世多误为剪之于畦，不知“剪”字极有理：盖于煠[②]时，必先齐其本（如烹薤[③]园，齐玉箸头之意），所以左手持其本，以其本竖汤内少煎其本，

① 夜雨剪春韭：见于杜甫《赠卫八处士》。

② 煠（zhá），同“炸”。

③ 薤（xiè）：即“藠（jiào）头”，多年生草本植物，叶细长中空，地下有鳞茎可食。

弃其触[①]也，只煠其本，带性[②]投冷水中，取出之，甚脆。然必用竹刀截之。

韭菜嫩者，用姜丝、酱油、滴醋拌食，能利小水[③]，治潴留[④]。

【译】杜甫诗中的“夜雨剪春韭”，人们大多误解为在菜畦中剪韭，不懂得这个“剪”字用在这里是非常有道理的：因为它是在讲炒韭菜时，必须先把春韭茎梗理整齐，像烹烧蕹园那样齐“玉箸头”的意思。于是才用左手拿着韭菜的末梢，把茎梗竖在滚水中稍煎，去掉末梢，只炒它的茎梗。炒到刚断生，就放到冷水中，取出食用，非常脆嫩。但是必须用竹刀切。

嫩的韭菜，用姜丝、酱油、醋拌起来吃，能够利小便，治尿潴留。

松黄饼

暇日过大理寺[⑤]，访秋岩陈评事介，留饮。出二童歌渊明《归去来辞》，以松黄饼供酒。陈角巾[⑥]美髯[⑦]，有超俗之

---

① 触：触须，此处指叶尖。

② 带性：指焯水到刚断生，仍保持原来的色泽和脆嫩。

③ 小水：小便。

④ 潴（zhū）留：指液体在体内不正常地聚集停留。

⑤ 大理寺：古代中央审判衙门，职掌审核刑狱。下句中“评事”，为大理寺的官职名。

⑥ 角巾：古隐士常戴的一种有棱角的头巾。

⑦ 美髯：两颊上清秀的长须。古时以此来形容世人仪表的清秀不俗。

标[1]。饮边味此，使人洒然起山林之兴，觉驼峰、熊掌皆下风矣。

春末，取松花黄和炼熟蜜，匀作如古龙涎饼[2]状，不惟香味清甘，亦有壮颜益志，延永纪筭[3]。

【译】我闲时经过大理寺，去拜访秋岩陈介评事，他留我喝酒。席间，有两个童子唱起陶渊明的《归去来辞》，用松黄饼下酒。陈介头戴角巾，美髯飘飘，有超脱凡俗的风度。我边同他对饮边品味这种饼，使人不禁产生归隐山林的兴致，觉得像驼峰、熊掌之类的高贵食品，同松黄饼比，也都要相形见绌了。

春末，用松花蛋黄，和熟炼过的蜜和均匀，做得像古龙涎饼的样子，这就是松黄饼。这种饼不但香味清甜，而且吃了也能增进身心健康，延年益寿。

酥琼叶

宿蒸饼[4]，薄切，涂以蜜或以油，就火上炙[5]。铺纸地上散火气，甚松脆，且止痰化食。

---

① 超俗之标：高雅的风度。标，标格，风度。

② 龙涎饼：可能是带有这种奇香的饼。龙涎，名贵香料。

③ 延永纪筭（suàn）：即延年益寿。永，长寿为“永年”。纪，年岁。筭，计算用的筹。

④ 宿蒸饼：即隔夜蒸好的饼。宿，隔夜。

⑤ 炙：烤。

杨诚斋[①]诗云："削成琼[②]叶片，嚼作雪花声。"形容尽善矣。

【译】隔夜蒸好饼，切成薄片，涂上蜜或者油，在火上烘烤。烤好后，地上铺纸，放上面散去火气，特别松脆，而且能消食化痰。

杨诚斋（万里）有诗说它是："削成琼叶片，嚼作雪花声。"形容得太好了！

元修菜[③]

东坡有故人巢元修菜诗云。每读"豆荚圆而小，槐芽细而丰"之句，未尝不寘搜畦陇间[④]，必求其是。时询诸老圃[⑤]，亦罕能道者。

一日，永嘉郑文干归自蜀，过梅边，有叩之，答曰："蚕豆也，即豌豆也，蜀人谓之巢菜[⑥]。苗叶嫩时，可采以为茹。择洗，用真麻油熟炒，乃下盐、酱煮之。春尽，苗叶

① 杨诚斋：即南宋诗人杨万里。诚斋是他的号。

② 琼：美玉。

③ 元修菜：据苏东坡《元修菜》诗叙："菜之美者，有吾乡之巢，故人巢元修嗜之，余亦嗜之。元修云：'使孔北海见，当复云吾乡菜耶？'因谓之元修菜。"孔北海，指孔融。

④ 未尝不寘（zhì）搜畦（qí）陇间：一直在菜园里寻找（此菜到底是什么样子）。

⑤ 老圃：老菜农。

⑥ 巢菜：又名"草藤"。豆科，多年生草本。荚光滑，有种子5～8粒。嫩苗称"巢菜"，可作蔬菜。南宋陆游《巢菜·序》说："蜀蔬有两巢：大巢，豌豆之不实者；小巢，生稻畦中，东坡所赋之元修菜是也。吴中绝多，名漂摇草，一名野蚕豆，但人不知取食也。"

老则不可食”。坡所谓“点酒下盐豉[①]，缕橙芼姜葱[②]”者，正庖法也。

君子耻一物不知，必游历久远而后见闻博。读坡诗二十年，一日得之，喜可知矣。

【译】苏东坡有一首写故人巢元修菜的诗。每当我读到“豆荚圆而小，槐芽细而丰”这个句子时，总是要到菜圃畦陇之中去查对此菜到底是什么。多次向老菜农询问，也没有能解答我的。

有一天，永嘉人郑文干从四川回来，经过梅边，我向他请教这个问题，他解答说：“是蚕豆，也就是豌豆，四川人叫巢菜。豆苗嫩时，可以采来做菜。择洗干净，用麻油炒熟，然后加盐、酱煮。到春末，豆苗叶老了，就不能吃了。”苏东坡诗中所说的“点酒下盐豉，缕橙芼姜葱”，正是烹调这个菜的方法。

君子因对一个事物的无知而感到羞耻，必须见多识广才能知识渊博。我读苏东坡的诗已二十年，到今天才弄明白，心中的高兴可想而知了！

① 豉：黄豆经煮烂发酵制成可做菜的调味品。即“酱豆”“豆豉”。

② 缕橙芼姜葱：橙皮、姜、葱菜料切细丝。

紫英菊

菊，名治蘠[1]，《本草》名节花。陶注[2]云：菊有二种：茎紫，气香而味甘，其叶乃可羹；茎青而大，气似蒿而苦，若薏苡[3]，非也。

今法：春采苗叶略炒，煮熟下姜，益羹之。可清心明目。加枸杞叶尤妙。

天随子《杞菊赋》云：尔菊未棘，乍菊未莎，其如予何。《本草》：其杞叶似榴而软者，能轻身益气；其子圆而有刺者，名枸棘，不可用。杞菊，征物[4]也，有少差尤不可用，然则君子小人，岂容不辨哉？

【译】菊，名叫"治蘠"，《本草》上叫"节花"。陶弘景注释说：菊有两种：一种是茎部紫色，有香气和甜味，它的叶子可做羹；另一种茎部是青色的而且较大，带青蒿气并有苦味，样子像薏苡，不是做羹用的。

现在的制法是：春天采摘菊的苗叶，略微炒一下，再加水煮，等熟了放进鲜姜，做羹汤，可清心明目。如再加上枸

---

① 治蘠（qiáng）：菊花别名，亦作"治墙"。

② 陶注：指陶弘景将《神农本草经》与《名医别录》合编，加注释，而写成的《本草经集注》。陶，指南北朝时期宋梁间著名医药学家陶弘景。其字通明，自号华阳隐居，故人称陶隐居。

③ 薏苡（yǐ）：薏苡种仁是中国传统的食品资源之一，可做成粥、饭、各种面食供人们食用。尤其是对老弱病者更为适宜。味甘、淡，性微寒。其中以蕲春四流山村为原产地的最为出名，有健脾利湿、清热排脓、美容养颜功能。

④ 征物：征信之物，很灵验的东西。

杞叶，那就更妙了。

天随子在《杞菊赋》中说："尔菊未棘，乍菊未莎，其如予何。"《本草》上说，它的叶子像石榴叶而且是软的，能够轻身益气；它的籽圆而且是有刺的，这种叫枸棘，就不可用。杞菊是征信之物，稍有差别还不能用。那么，君子与小人怎么可以不分辨清楚呢！

银丝供

张约斋[①]（镃）性喜延山林湖海之士。一日午酌数杯后，命左右作"银丝供"，且戒之曰："调和教好，又要有真味。"众客谓："必鲙也！"

良久，出琴一张，请琴师弹《离骚》一曲。众始知"银丝"乃琴弦也；"调和教好，"调和琴也；"又要有真味"，盖取陶潜"琴书中有真味"之意也。

张，中兴[②]勋家也，而能知此真味，贤矣哉！

【译】张约斋（镃）喜好交往四海隐士逸客。有一天，中午宴饮几杯之后，他叫家人去上"银丝供"来，并且吩咐说："调理要好，又要有本真的味道。"客人们都以为："一定是要做鱼脍的菜了！"

谁知过了很久，家人拿来了一张琴，请琴师为大家弹奏了一曲《离骚》。这时，大家才知道，他说的"银丝"，原

① 张约斋：名镃（zī），号约斋，字功甫。南宋人，善画竹石古木，有《南湖集》等著作。

② 中兴：指南宋偏安之时的所谓"中兴"。

来是指琴弦；“调理要好”，是指调正琴音；“要有本真的味道”，那是要求体现陶渊明“琴书中有真味”的意境。

张约斋，是对中兴有功的人，能够有这方面的情趣，可说是有德有才了！

凫茨[①]粉

凫茨粉，可作粉食。其滑甘，异于他粉。偶天台陈梅庐见惠，因得其法。

凫茨，《尔雅》一名“芍”。郭云：生下田，似曲龙而细，根如指头而黑，即荸荠也。采以曝干，磨而澄滤之，如绿豆粉法。

后读刘一止[②]《非有类稿》有诗云：“南山有蹲鸱[③]，春田多凫茨，何必泌[④]之水，可以疗我饥。”信乎，可以食矣！

【译】凫茨粉，可以做粉吃。滑糯甘甜，比别的粉好很多。有一次天台陈梅庐赠送给我一些，因此得到了它的制作方法。

凫茨，《尔雅》书上又叫“芍”，郭璞注：是长在水田中，像“曲龙”，但是细一些，根像指头而且是黑色的，就是通常所说的“荸荠”。采来晒干，磨成粉，用水澄清沉

① 凫（fú）茨（cí）：即“荸荠”，亦称凫茈、黑三棱、芍、地栗，是主治大便下血的药物。

② 刘一止：宋时归安人，字行简。他“封驳不避权贵”，曾因触犯秦桧被罢官，文章推本经术。诗寓意高远，自成一家。为文敏捷，博学多才。

③ 蹲（dūn）鸱（chī）：大芋头，因状似蹲伏的鸱鸟而得名。

④ 泌：《诗经·陈风·衡门》：“泌之洋洋，可以乐饥。”

淀，过滤烧制就成了，与做绿豆粉的方法一样。

后来，我读到刘一止的《非有类稿》，上面有一首诗说："南山有蹲鸱，春田多凫茨，何必泌之水，可以疗我饥。"我相信了，凫茨是可以当饭吃的！

簷蔔[1]煎

（又名端木煎）

旧访刘漫塘（宰），留午酌，出此供，清秀极可爱。询之，乃栀子[2]花也。

采大瓣者，以汤焯过，少干，用甘草水稀，稀面拖油煎之，名"簷蔔煎"。

杜诗云："于身色有用，与道气相和[3]。"今既制之，清和之风备矣！

【译】旧日去拜访刘漫塘，他留我中午吃酒，上了这个菜，清秀可口，样子也非常可爱。问他是什么做的，说是用栀子花。

采来花瓣大的栀子花，用水焯过，捞出等稍干，再用甘草水加以稀润，包上薄面糊放油锅中煎，这就做成了"簷蔔煎"。

---

① 簷（yán）蔔（bǔ）：同"檐卜"，是一种西域的植物名，名出自《东阳双林寺傅大士碑》。

② 栀子：别名黄栀子、山栀、白蟾，是茜草科植物栀子的果实。栀子的果实是传统中药，有护肝、利胆、降压、镇静、止血、消肿等作用。

③ 杜诗大意：颜色对身体有用，气质同精神相和谐。

杜甫的诗说："于身色有用，与道气相和。"似这样做成的，清雅和顺的风味都俱备了。

蒿蒌[1]菜、蒿鱼羹

旧客江西林山房书院，春时多食此菜。

嫩茎去叶，汤焯，用油、盐、苦酒沃之为茹，或加以肉。燥香脆，良可爱。

后归京师，春辄思之。

偶与李竹埜（制机）伯恭邻，以其江西人，因问之，李云：《广雅》名蒌，生下田。江西用以羹鱼。陆疏云：叶似艾，白色，可蒸为茹，即汉《广言》"刈[2]其蒌"之蒌。山谷诗云"蒌蒿数筯玉簪横"，及证以诗注，果然。

李乃怡轩之子，尝从西山问宏词[3]法，多识草木，宜矣。

【译】从前我客居江西林山房书院时，春天常吃这味菜。

蒿蒌去叶留嫩茎，过水焯一下，浇上油、盐、醋成菜，也可加上肉。燥香脆口，样子也很可爱。

后来我回到京城，一到春天就想起它。

有一次同李竹埜相邻，因为他是江西人，就向他询问起此事。李告诉我：《广雅》上叫"蒌"，长在水田中。江西人是用来做鱼羹的。陆机在《广雅》疏中说：它的叶子像艾

---

① 蒌（lóu）：白蒿。多年生草本植物，多生于水滨。

② 刈（yì）：本作"乂"，即割草。

③ 宏词：宋代科举考试科目名。

子，白色，可以蒸来做菜，就是汉朝《广言》上所说的“刈其蒌”的这个“蒌”。黄山谷的诗说“蒌蒿数筋玉箸横”，他所描述的，从诗的注解来印证，果然是这样。

李竹埜是怡轩的儿子，曾经跟从西山先生钻研宏词科目，对草本很有研究，难怪他说得这样头头是道。

玉灌肺

真粉、油饼、芝麻、松子、核桃去皮，加莳萝[1]少许，白糖、红曲少许，为末，拌和入甑[2]蒸熟，切作肺样块子，用辣汁供。今后苑[3]名曰“御爱玉灌肺”。

要之，不过一素供耳。然，以此见九重[4]崇俭不嗜杀之意，居山者岂宜侈乎？

【译】真粉、油饼、芝麻、松子、去皮的核桃，加上莳萝少许，白糖、红曲少许，研碎成末拌和在一起，放入蒸笼中蒸熟，切成肺肚形状的块子，用辣油浇制成菜。现在皇宫御厨中叫它“御爱玉灌肺”。

简单地说，这不过是一道素菜。但是，从这道菜上可以看出皇上崇尚俭约不喜杀生的意思，居于山林的人又怎能再去追求奢侈呢！

---

① 莳萝：也叫“土茴香”。伞形科多年生草本。夏季开花，花小形，复伞形花序。果实椭圆形，有广翅。叶可食。果实有健脾、开胃、消食作用。

② 甑（zèng）：古代蒸食炊器。底部有许多透蒸汽的小孔，供蒸烧用。

③ 后苑：指御厨。

④ 九重：据《楚辞》：“君之门以九重。”指帝王住处，这里引申指帝王。

进贤菜（苍耳饭）

苍耳[①]，枲耳也。江东[②]名上枲，幽州[③]名爵耳。形如鼠耳。陆机疏云：叶青白色，似胡荽[④]，白华，细茎，蔓生。采嫩叶洗焯，以姜、盐、苦酒拌为茹，可疗风。杜诗云："苍耳况疗风，童儿且时摘。"

《诗》之《卷耳》[⑤]首章云："嗟我怀人，寘彼周行"。酒醴[⑥]妇人之职，臣下勤劳，君必劳之，因采此而有所感念。又，酒醴之用，以此见古者后妃，欲以进贤之道讽其上，因名"进贤菜"。张氏诗曰："闺阃诚难与国防，默嗟徒御困高冈。觥罍欲解痡瘏恨，充耳元因避酒浆[⑦]。"

其子，可杂米粉为糗[⑧]。故古诗有"碧涧水淘苍耳饭"之句云。

---

① 苍耳：也叫枲（xǐ）耳。菊科一年生粗壮草木。中医以果实入药，性温，味甘苦。

② 江东：长江下游，江浙一带。

③ 幽州：今河北北部和辽宁南部一带。

④ 胡荽：芫荽、香菜。

⑤《卷耳》：这里指《诗经·周南》中的《卷耳》一诗。这首诗共分四段，描写摘卷耳的女子，边采摘边怀念远行服役的亲人。林洪引用的是第一段，即所谓"首章"。

⑥ 酒醴（lǐ）：醴，甜酒；甘泉。《汉书·楚元王传》上讲："元王敬礼申公等，穆生不嗜酒，元王每置酒，常为穆生设醴。及王戊即位。常设，后忘设焉。穆生退曰：可以逝矣！醴酒不设，王之意怠，不去，楚人将钳我于市。"因此，旧时称"酒醴不设"为对人敬礼渐减。

⑦ 这四句诗是解释《诗经·卷耳》大意的：女人家确难同男人去服役保国，又怀念他征途艰难，希望他用酒杯解除疲劳和病痛。闺阃（kǔn），闺房的门栏，指内室，借指妇女。觥（gōng）罍（léi），古代酒器。

⑧ 糗（qiǔ）：干粮；冷粥。

【译】苍耳，就是枲耳。江南叫上枲，北方叫爵耳。形状像老鼠耳朵。陆机解释说：叶子是青白色，像香菜，白花，茎细，蔓生的。采摘嫩叶，洗净焯一下，用姜、盐、醋拌了做菜，吃了可治风病。杜诗就讲："苍耳况疗风，童儿且时摘。"

《诗经·卷耳》的第一段说："嗟我怀人，寘彼周行。"酒醴是妇人的职事，臣下勤劳，君王应该慰劳。因此才采取这个菜来抒发自己的感触。另外，从"酒醴"的典故，也可看到从前皇后妃子，想用礼贤下士的进贤之道来讽劝皇上，所以就叫"进贤菜"。张氏的诗对此写道："闺阃诚难与国防，默嗟徒御困高冈。觥罍欲解痛瘏恨，充耳元因避酒浆。"

苍耳籽，可掺米粉做干粮，所以古诗有"碧涧水淘苍耳饭"的句子。

山海兜

春采笋、蕨[①]之嫩者，以汤瀹过，取鱼虾之鲜者，同切作块子，用汤泡，暴蒸熟，入酱油、麻油、盐，研胡椒，同绿豆粉皮拌匀，加滴醋。今后苑多进此，名"虾鱼笋蕨兜"。今以所出不同，而得同于俎豆[②]间，亦一良遇也，名

① 蕨：多年生草本植物，亦称"乌糯"。根茎蔓生土中。幼叶可食，俗称"蕨菜"。

② 俎豆：泛指食物盛器。俎，古代祭祀时盛牛羊等祭品的礼器。豆，古代一种形似高脚盘的食物盛器。

"山海兜"。

或即羹以笋蕨，亦佳。许梅屋[①]（棐）诗云："趁得山家笋蕨春，借厨烹煮自吹薪。倩谁分我杯羹去，寄与中朝[②]食肉人。"

【译】春天采嫩的竹笋、蕨菜，用滚水氽一下。另把鲜鱼虾一起切块，放开水中泡过，急火蒸熟，加酱油、麻油、盐、胡椒粉，然后和绿豆粉皮一起拌匀，加几滴醋。当今御厨多上这个菜，名叫"虾鱼笋蕨兜"。这些东西出产地不同而能够盛进同一个盘中，也真是很好的会聚，所以就改叫它"山海兜"。

另外，只用竹笋、蕨菜做羹汤，也很好。许梅屋有诗说："趁得山家笋蕨春，借厨烹煮自吹薪。倩谁分我杯羹去，寄与中朝食肉人。"

拨霞供

向[③]游武夷六曲，访止止师。遇雪天，得一兔，无庖人可制。师云：山间只用薄批，酒、酱、椒料沃之。以风炉安座上，用水少半铫[④]，候汤响一杯后[⑤]，各分以箸[⑥]，令自筴

① 许梅屋：字棐（fěi），宋代诗人。

② 中朝：朝中。

③ 向：从前，往昔。

④ 铫（diào）：吊子，一种有柄有流的小烹器。用水少半铫，即放小半吊子水。

⑤ 候汤响一杯后：水沸后再等吃一杯酒的时间，即要滚开的意思。

⑥ 箸：筷子。

入汤摆熟[1]，啖[2]之乃随意各以汁供。因用其法。不独易行，且有团栾热暖之乐[3]。

越五六年，来京师，乃复于杨泳斋[4]（伯喦）席上见此，恍然去武夷如隔一世。杨勋家，嗜古学而清苦者，宜此山家之趣。因诗之"浪涌晴江雪，风翻晚照霞"，末云"醉忆山中味，都忘贵客来"。

猪、羊皆可。

《本草》云：兔肉补中，益气，不可同鸡食。

【译】从前游武夷的六曲，到止止师那里拜访。正遇上下雪天，得到一只兔子，却没有厨子可以做成菜。止止师说，山里的吃法是，把兔肉切成薄片，用酒、酱、花椒浸一下。风炉安放到桌上，烧上半锅水，等水开一滚之后，用筷子分给每个人，自己夹着兔肉浸到滚水中摆动氽熟，吃时按每人的口味蘸作料汁。我们就按他说的用了这个方法。这样子不但简便易行，而且还造成了一个团聚欢快的气氛。

过了五六年，我来到京都，又在杨泳斋（伯喦）的筵席上见到这种吃法，那次去武夷的经历恍若隔世。杨泳斋是有功勋之家，爱好古学，崇尚俭朴，才有这种山林人家的情趣。因此作诗"浪涌晴江雪，风翻晚照霞"来形容当时的情

① 令自筴（jiā）入汤摆熟：自己用筷子箝着放滚水中摆动使熟。筴，箝夹。

② 啖（dàn）：吃。

③ 团栾（luán）热暖之乐：热烈欢聚的快活。

④ 杨泳斋：字伯喦（yán），宋代临安人，林洪友人。

形，结尾是“醉忆山中味，都忘贵客来”。

猪肉、羊肉，都可用这种方法吃。

《本草》上说：兔肉有补中益气功效，不可同鸡肉一起吃。

骊塘羹

曩[①]客于骊塘书院，每食后必出茶汤，清白极可爱。饭后得之，醍醐甘露[②]未易及此。询庖者，止用菜与芦菔[③]细切，以井水煮之，烂为度[④]，初无他法。后读东坡诗[⑤]，亦只用蔓青、莱菔而已。诗云：“谁知南岳[⑥]老，解[⑦]作东坡羹[⑧]。中有芦菔根，尚含晓露清。勿语贵公子，从渠[⑨]嗜羶腥[⑩]。”从此可想二公之嗜好矣。

今江西多用此法者。

---

① 曩（nǎng）：以往，过去。

② 醍（tí）醐（hú）甘露：醍醐，酥酪上凝聚的油，美味的汁液。甘露，甜美的露水，香蕉、芭蕉花苞上的露液。

③ 芦菔：据《唐本草》，即莱菔，萝卜。

④ 烂为度：以煮烂为标准。

⑤ 东坡诗：指《狄韶州煮蔓菁芦菔羹》一诗。全诗开头还有几句是：“我昔在田间，寒庖有珍烹。常支折脚鼎，自煮花蔓菁。中年失此味，想像如隔生。”后接本文所引六句。

⑥ 南岳：指衡山。

⑦ 解：知道，明白。

⑧ 东坡羹：据《东坡羹引》，东坡居士所煮菜羹，不用鱼肉五味，有自然之甘。其法以菘，若蔓菁，若萝菔，若荠，揉洗去汁，下菜汤中，入生米为糁，入少生姜，以油碗覆之其上，炊饭如常法，饭熟，羹亦烂可食。

⑨ 从渠：随从他。渠，他。

⑩ 羶（shān）腥：泛指肉鱼。膻味来自肉类，腥味来自鱼类。

【译】过去在骊塘书院客居时，每次饭后必定上一道茶汤，汤清白，很可爱。饭后得到这个汤喝，胜过醍醐甘露的美味。我问厨子，他介绍是把菜和萝卜切细，用井水煮，煮烂了就好了，并没有别的方法。后来读苏东坡的诗，他也不过是用蔓菁、莱菔来做的。东坡写的一首诗说："谁知南岳老，解作东坡羹。中有芦菔根，尚含晓露清。勿语贵公子，从渠嗜羶腥。"从这里可以想到这两位的爱好了。

现在，江西大多用这个吃法。

真汤饼

翁瓜圃访凝远居士，话间命仆作真汤饼来。翁曰："天下安有假汤饼？"及见，乃沸汤炮油饼，一人一杯耳。翁曰："如此！则汤炮饭亦得名真炮饭乎？"居士曰："稼穑[1]作，苟无胜食气者[2]，则真矣。"

【译】老人到瓜园里去访凝远居士，居士在谈话中叫仆人去做真汤饼来。老人说："世界上难道还有假汤饼？"等端来才发现，原来只不过是用滚开的汤泡的油饼，一人一杯。老人说："这样的话，那么汤泡饭也要叫真泡饭吗？"居士解释说："农家粮食做的，只要不沾肉食，那就叫真味了。"

---

① 稼穑（sè）：指农业从种到收的生产全过程。稼，是播种。穑，是收获。

② 胜食气者：《论语·乡党》："肉虽多，不使胜食气。"吃肉超过饭食叫"胜食气"。

沆瀣[①]浆

雪夜，张一斋饮客[②]。酒酣簿书[③]。何君时峰出沆瀣浆一瓢，与客分饮，不觉酒客为之洒然[④]。

客问其法，谓得之禁苑[⑤]，止用甘蔗、白萝菔，各切方块，以水煮烂而已。盖蔗能化酒，萝菔能消食也，酒后得此，其益可知也。

《楚辞》有“蔗浆”，恐只此也。

【译】雪天夜里，张一斋同客人喝酒。喝得入醉，事情也办不来了。何时峰拿来一瓢“沆瀣浆”，分给客人喝，不觉大家都酒醒过来。

客人问起做法，说是从皇宫御厨那里得到的。只是把甘蔗、白萝卜切成方块，用水煮烂就成了。这是因为甘蔗能够解酒醉，萝卜能够助消化。喝酒后得到“沆瀣浆”，它的好处就可想而知了。

《楚辞》上的“蔗浆”，恐怕也是指它吧！

---

① 沆（hàng）瀣（xiè）：夜间的水气。按司马相如《大人赋》中有“呼沆瀣今餐朝霞”句，指露汁。

② 饮客：招待客人饮酒。

③ 簿书：按杜甫《早秋苦热堆案相仍》诗，有酒醉“束带发狂欲大叫，簿书何急来相仍”之句（簿书，指官署中的文书簿册）。相仍，频繁相扰。酒酣簿书，说的就是这种景况。

④ 洒然：潇洒脱俗。酒客为之洒然，即酒客饮了以后清醒起来。

⑤ 得之禁苑：指从皇宫得来的。禁苑，帝王的园囿（yòu）。

神仙富贵饼

白术[1]用切片子，同石菖蒲[2]煮一沸，曝干为末各四两，干山药为末三斤，白面三斤，白蜜（炼过）三斤，和作饼，曝干，收，候客至蒸食。条切，亦可羹。章简公诗云："术荐神仙饼，菖蒲富贵花。"

【译】白术切成片，同菖蒲一起煮一滚，晒干磨粉，各取四两，三斤干山药粉，三斤白面，三斤炼过的白蜜，和起来做成饼晒干，收藏，等客人来了可蒸着吃。如果切成条，也可以做羹汤。章简公有首诗说："术荐神仙饼，菖蒲富贵花。"这就是饼名的由来。

香圆杯

谢益斋（奕礼）不嗜酒，常有[3]"不饮但能著醉"之句。一日，书余琴罢[4]，命左右剖香圆作二杯，刻以花，温上所赐酒以劝客，清芬蔼然[5]，使人觉金尊玉斝[6]皆埃溘[7]之矣。

---

① 术（zhú）："山蓟"，分白术、苍术等。

② 菖（chāng）蒲：也叫作白菖蒲、藏菖蒲。多年生草木，根状茎粗壮。叶基生，剑形，中脉明显突出，基部叶鞘套折，有膜质边缘。生于沼泽地、溪流或水田边。

③ 常有：曾有。

④ 书余琴罢：谈文抚琴以后。

⑤ 蔼然：云雾迷漫的样子。此处指温酒倒入香圆，所散发出来的带清香的酒气。

⑥ 金尊玉斝（jiǎ）：珍贵的酒器。尊，古盛酒器，形似觚而中部较粗，鼓腰，侈口，高圈足。斝，古用以温酒的酒器，圆口，有鋬（zhì）和三脚。这两种酒器都盛行于商及西周初期，并且都是青铜制。

⑦ 埃溘（kè）：尘埃。

香圆，似瓜而黄，闽南一果耳。而得备京华[①]鼎贵[②]之清供，可谓得所矣。

【译】谢益斋（奕礼）虽然自己没有喝酒的嗜好，却有“不饮但能著醉”的说法。有一天，他同客人谈文抚琴之后，叫家人剖开香圆做成两只酒杯，刻上花的图案，温上皇上赐给他的酒，来劝客人喝。这个“香圆杯”，散发出的清香芬芳的酒气，使人觉得金尊玉斝这类高贵的酒器，同它相比可就成了不值一提的尘埃了。

香圆，像瓜色黄，是福建南部的一种果品。用这清雅盛器来盛上京城皇宫的珍贵美酒，可以说是使酒得到它应得的地位了。

蟹酿橙

橙用黄熟大者，截顶，剜去穰，留少液，以蟹膏[③]肉实其内，仍以带枝顶覆之，入小甑，用酒、醋、水蒸熟。用醋、盐供食。香而鲜，使人有新酒、菊花、香橙、螃蟹之兴。

因记危巽斋（稹）[④]《赞蟹》云：“黄中通理，美在其中，畅于四肢，美之至也。”此本诸《易》[⑤]，而于蟹得之

① 京华：京都。京都为文物荟萃之地，故称“京华”。

② 鼎贵：富贵。因香圆盛的是皇上所赐之酒，故被作者称为“鼎贵”。

③ 膏：脂肪、油脂。这里指蟹黄。

④ 危巽斋：人名。稹（zhěn），字。

⑤ 指这话是引用《周易·坤》上的：“君子黄中通理，正位居体，美在其中，而畅于四肢，发于事业，美之至也。”黄，居中而兼四方之色，指内德和谐之美，内德美则事理皆通。这里，作者把这一哲理用之于蟹黄、蟹肉。

矣。今于橙蟹又得之矣。

【译】选用已经黄熟的大橙子，切去顶部，剜出里面的肉穰，留下少量橙汁，用蟹黄蟹肉把里面塞满，仍把切下来的橙子顶部带着枝子覆盖上去，放进小蒸锅中，用酒、醋、水蒸熟。吃时蘸醋、盐。味道香鲜，使人会产生一种新酒、菊花、香橙、螃蟹的情趣。

由这里记起危巽斋（稹）写的《赞蟹》："黄中通理，美在其中，畅于四肢，美之至也。"这本是《易经》上讲的，而在螃蟹上得到了体现。现在，在蟹酿橙上又得到了。

莲房鱼包

将莲花中嫩房[①]，去穰截底，剜穰留其孔，以酒、酱、香料加活鳜鱼块，实其内[②]，仍以底坐甑内蒸熟。或中外涂以蜜出楪[③]，用"渔父三鲜"供之（三鲜：莲、菊、菱汤齑也）。

向在李春坊席上，曾受此供，得诗云："锦瓣金簑[④]织几重，问鱼何事得相容？涌身既入莲房去，好度华池[⑤]独化龙。"李大喜，送端砚一枚，龙墨五笏[⑥]。

---

① 嫩房：嫩的莲蓬。

② 实其内：将调好的馅料塞满莲蓬的孔中。

③ 楪（dié）：同"碟"，小盘子。

④ 锦瓣金簑（suō）：形容装着鱼料的莲蓬，经过烹制，像神仙织锦锈金的披戴一样。

⑤ 华池：华，古同"花"字。神话中，西王母的瑶池中莲花开满，故称"华池"。鱼在华池修行成龙，也来自这一神话。

⑥ 笏（hù）：本为古代大臣上朝进见皇上时，手中所执的狭长玉（或象牙）板子，用以指画及记事。这里因将墨称为"龙墨"，故用笏作单位名称，代替"锭"。

【译】莲花的嫩莲蓬，去掉肉穰切去底部，剜穰时留出洞孔。用酒、酱、香料加在鳜鱼块里，一起把莲蓬洞孔塞满，仍旧底朝下放蒸锅中，蒸熟即可。或者里外用蜜涂抹后装碟，配“渔父三鲜”佐料上桌（三鲜：莲花、菊花和菱的浆水）。

从前，在李春坊筵席上曾受到此菜的款待，就作了一首诗说：“锦瓣金簑织几重，问鱼何事得相容？涌身既入莲房去，好度华池独化龙。”李春坊看了诗后非常欢喜，送了我一方端砚，五锭龙墨。

玉带羹

春访赵莼湖（璧），茅行泽（雍）亦在焉。论诗把酒[①]，及夜[②]无可供者。湖曰：“吾有镜湖之莼。”泽曰：“雍有稽山之笋。”仆笑：“可有一杯羹矣！”迺[③]命仆作“玉带羹”（以笋似玉，莼似带也）。是夜[④]甚适，今犹喜其清高则爱客也。每诵忠简公“跃马食肉付公等，浮家泛宅真吾徒”之句，有此耳。

【译】春天到赵莼湖（璧）处拜访，茅行泽（雍）也在座。大家一边吃酒一边论诗，一直到夜里，没有可吃的菜肴了。莼湖说：“我有镜湖的莼菜。”行泽讲：“我有稽山的

① 论诗把酒：喝酒中谈论诗词。即谈诗把盏。

② 及夜：到了晚上，饮酒到晚上。

③ 迺（nǎi）：通“乃”字。

④ 是夜：这一晚上。

竹笋。”我听了笑起来说：“这可就能凑出一杯羹菜了。”于是叫仆人去烹制“玉带羹”（根据笋像玉，莼菜像带取的名字）。这一晚上过得很愉快，到现在我还喜欢这样清雅高尚又待客亲切的气氛。每当读到忠简公“跃马食肉付公等，浮家泛宅真吾徒”的诗句，就有这个感觉。

酒煮菜

鄱江士友命饮，供以“酒煮菜”。非菜也。纯以酒煮鲫鱼也。且云：鲫，稷[①]所化，以酒煮之，甚有益。

以鱼名菜，私[②]窃疑[③]之。及观赵与时[④]《宾退录》所载：靖州风俗，居丧不食肉，唯以鱼为蔬。湖北谓之鱼菜。杜陵《小白》诗亦云：“细微霑[⑤]水族[⑥]，风俗当园蔬。”始信鱼即菜也。

赵好古博雅，君子也，宜乎先得其详矣。

【译】鄱江的学友叫我吃酒，上了一个“酒煮菜”。实际上这不是菜做的，全是用酒煮的鲫鱼。而且还说：鲫鱼是粮食变的，用酒煮来吃，非常有益处。

---

① 稷（jì）：古时泛指粮食。

② 私：指我。

③ 窃疑：偷偷怀疑它。

④ 赵与时：宋宗室，字行之。自谓生平见闻所及，喜为客述之，客退，或笔于牍。所以，题名笔记为《宾退录》。鱼菜条，载该书卷二第十五则。

⑤ 霑（zhān）：同“沾”。沾湿浸润，喻沾得利益。

⑥ 水族：泛指鱼虾蟹等水生动物。此处即单指鱼。

把鱼叫成菜，我是暗暗怀疑这种叫法是否妥当的。到后来读到赵与时的《宾退录》上写的：靖州的风俗，居丧时不能吃肉，只有用鱼当菜来吃。湖北把这叫鱼菜。另外又见杜陵《小白》诗中也说：“细微霑水族，风俗当园蔬。”我这才相信鱼就是菜。

赵与时是个雅好古事知识渊博的君子，应是知道得比我详细。

卷之下

蜜渍梅花

杨诚斋诗云：“瓮澄雪水酿春寒，蜜点梅花带露餐。句里略无烟火气，更教谁上少陵坛[①]。”

剥白梅肉少许，浸雪水，以梅花酿酝[②]之，露一宿，取出蜜渍之。可荐酒[③]。较之扫雪烹茶，风味不殊也。

【译】杨万里的诗说：“瓮澄雪水酿春寒，蜜点梅花带露餐。句里略无烟火气，更教谁上少陵坛。”

剥取少量白梅肉，浸在雪水中，用梅花酿造发酵，这样放一夜晚，第二天就取出来用蜜渍腌。可用来掺兑酒吃。与扫雪烧茶吃相比，风味不相上下。

持螯供

蟹生于江者，黄而腥；生于河者，绀[④]而馨；生于溪者，苍而青[⑤]；越淮多趋京，故或枵而不盈[⑥]。

幸有钱君谦斋（震祖），惟砚存[⑦]，复归于吴门。秋偶

---

① 杨诗大意是：蜜渍梅花，毫无尘俗之气，吃了它就没有必要再去求道学仙了。烟火气：尘俗之气。少陵坛：道家教坛。宋时统治者在道教创造人张道陵子孙所居龙虎山，设立“授箓院”，令其子孙总领南方道教，其设坛传教处称少陵坛。

② 酿酝：酝酿发酵。

③ 荐酒：掺兑入酒。

④ 绀：天青色，一种深青带红的颜色。

⑤ 苍而青：灰青色。苍，灰白。

⑥ 枵（xiāo）而不盈：空壳不肥满。枵，空腹。

⑦ 惟砚存：只靠文墨为生。旧时读书人依文墨为生计，因将砚台比作田地，故有“砚田”之说。苏东坡诗：“我生无田食破砚。”戴复古诗：“以文为业砚为田。”

过之，把酒论文，犹不减昨之勤也。

留旬余，每旦市蟹，必取其元[①]，烹以清醋，杂以葱芹，仰之以脐，少俟其凝，人各举其一，痛饮大嚼，何异乎柏手浮于湖海之滨[②]。庸庖族丁[③]非曰不文，味恐失真。此物风韵也，但橙醋自足以发挥其所蕴也。

且曰：尖脐蟹，秋风高，团者膏，请举手，不必刀；羹以蒿，尤可饕。因举山谷诗云“一腹金相玉质，两螯明月秋江”，真可谓诗中之验。举以手，不以刀，尤见钱君之豪也。

或曰：蟹所恶，恶朝雾，实竹筐，噀以醋，虽千里，无所误。因笔之，为蟹助。

有风虫[④]，不可同柿食。

【译】螃蟹生在江中的，色黄而带腥气；生在河中的，则色青而肉香；生在小溪的，苍灰带青；越过淮河就大都往京都趋走，所以常常空壳不肥壮。

钱君谦斋（震祖），同我有同学之谊，后来回到吴门。秋天偶而从他那里经过，相互吃酒谈论学问，劲头并不比过

① 元：大的。

② 何异乎柏手浮于湖海之滨：柏手浮应为拍浮。据《晋书》，毕卓尝谓人曰：“得酒满数百斛船，四时甘味置两头，右手持酒杯，左手持蟹螯，拍浮酒船中，便足了一生矣。”宋苏轼也在“万斛船中著美酒，与君一生长拍浮”诗句中用此典故。

③ 庸庖族丁：犹言小家的一般厨工。

④ 风虫：可能指能导致传染病的寄生虫。《食疗本草》里也有此说。至于螃蟹是否不可与柿同食，待考。

去减少。

留在他那里十多天，每天都买螃蟹，必定拣大的，用清醋烹熟，掺上葱、芹菜。把脐腹朝天放，稍等它凉一些，就每人拿一个，大吃大喝，这同在湖海旁边饮游差不多。不是说一般家厨做的不中看，而是怕失掉这个东西自然的风采韵味。加了米醋辅料就能调和突出它特有的风味。

这可说是："尖脐蟹，秋风高，团者膏，请举手，不必刀；羹以蒿，尤可饕。"这可举黄庭坚的诗"一腹金相玉质，两螯明月秋江"，真可说是诗里也有验证。"举以手，不以刀"的吃法尤其可见钱君的豪爽。

又有人说：蟹所恶，恶朝雾，实竹筐，噀以醋，虽千里，无所误。因此笔录之，作为吃蟹时的谈助。

螃蟹带有寄生虫，不宜与柿子一同吃。

汤绽梅

十月后，用竹刀取欲开梅蕊，上下蘸以蜡[1]，投蜜缶中。

夏月，以热汤就盏泡之[2]，花即绽香，可爱也。

【译】十月以后，用竹刀采下将要开放的梅蕊花苞，上下蘸上蜂蜡，放在蜜罐子里。

到夏天，用开水把它放在杯子中冲泡，梅花就能马上开放，发出清香，真是可爱！

---

① 蜡：此处指蜂蜡。

② 就盏泡之：放杯子中（用开水）冲泡它。

通神饼

姜薄切[①]，葱细切[②]，以盐汤焯[③]。和白糖、白面，庶不太辣[④]。入香油少许，煤之。能去寒气。

朱晦翁[⑤]《论语注》云："姜通神明。"故名之。

【译】姜切薄片，葱切细丝，在盐开水中焯一下。拌进白糖、白面，使它不太辣。用少量麻油煎炸。吃了能驱寒气。

朱熹在他的《论语注》中说："姜能通达神明。"因此根据这句话将之命名为"通神饼"。

金饭

危巽斋云：梅以白为正，菊以黄为正。过此，恐渊明、和靖二公不取也。今世有七十二种菊，正如《本草》所谓"今无真牡丹"，不可煎者。

法：采紫茎黄色正菊英，以甘草汤和盐少许焯过。候饭少熟，投之同煮。久食可以明目延年。苟得南阳甘谷水煎之，尤佳也。

昔之爱菊者，莫如楚屈平晋陶潜然。孰知爱之者，有石

---

① 薄切：切薄片。

② 细切：切细丝。

③ 以盐汤焯：用盐开水稍煮一下。

④ 庶不太辣：求得不太辣。庶，求，希望，可能。

⑤ 朱晦翁：大学问家朱熹，字元晦，晚年自称晦庵。

涧元茂焉，虽一行一坐未尝不在于菊。繙帙[1]得菊叶诗云：“何年霜后黄花叶，色蠹犹存旧卷诗。曾是往来篱下读，一枝开弄被风吹[2]。”观此诗，不唯知其爱菊，其为人清介可知矣。

【译】危巽斋说，梅花以白色为正品，菊花以黄色为正品。越过了正色，恐怕连最爱菊花的陶渊明、最爱梅花的林和靖，也不会要的。现在的菊花品种太多，有七十二种，但却像《本草》所说的“今无真牡丹”那样，没有纯正品种，是不能用来煎着吃的。

“金饭”的做法是：采摘紫茎黄花的正品菊花，用甘草汤加一点盐焯一下。等饭烧熟，放进去一起煮。这个饭常吃，可以明目延年。假如能得到南阳山谷的甘甜水来煮，效果尤其好。

从前爱好菊花的，没有像楚国屈原、晋代陶渊明那样的。可哪里知道爱好菊花的，现在又有石涧元茂啊，其一举一动都离不开菊花。翻书时看到一首菊叶诗说：“何年霜后黄花叶，色蠹犹存旧卷诗。曾是往来篱下读，一枝开弄被风吹。”从这首诗看，不但知道他爱好菊花，也可知道他做人的清高耿直。

---

① 繙（fān）帙：翻开书套子。泛指翻阅书籍。

② 菊叶诗四句大意是：这是哪年霜后的一片菊叶（黄花，即菊花），它的色迹还留在诗集中（蠹，dù，侵损。色蠹，色渍印在纸上）。它可曾是诵吟“采菊东篱下”时采来的花叶，还是受风作弄的“落英”枝叶。

白石羹

溪流清处，取白小石子或带藓衣[①]者一二十枚，汲泉煮之，味甘于螺，隐然[②]有泉石之气。

此法，得之吴季高，且曰：固非通宵煮石之“石”[③]，然其意则清矣。

【译】在山溪流清之处，捡白色或者带着藓苔的小石子一二十枚，汲取泉水来煮，味道比田螺还甘甜，隐约带有泉石的气味。

这个做法，是从吴季高那里得来的，他还介绍说：这虽然不是神话中那种煮石为粮的石头，但是它的意味是清雅的。

梅粥

扫落梅英[④]，拣净洗之。用雪水同上白米煮粥。候熟，入英同煮。

杨诚斋诗曰：“才看腊后得春饶，愁见风前作雪飘。脱蕊收将熬粥吃，落英仍好当香烧[⑤]。”

【译】扫起落下的梅花，拣干净的洗好。用雪水同好白米先煮粥。等粥熟了，放进梅花一起煮。

---

① 藓（xiǎn）衣：石头表面上长着的藓苔。

② 隐然：隐隐约约的样子。

③ 煮石之“石”：据《神仙传》：“白石先生者，中黄丈人弟子也。尝煮白石为粮，因就白石山居，时人故号曰白石先生。”

④ 落梅英：谢落的梅花。英，即花。

⑤ 这首诗的大意是：才看到腊冬过后春色丰盛起来，就愁见梅花在春风中凋谢像雪花一样飘落。落下来的花蕊收起来熬粥吃，落花还可当香料来烧的。

这就是杨诚斋（万里）一首诗说的：“才看腊后得春饶，愁见风前作雪飘。脱蕊收将熬粥吃，落英仍好当香烧。”

山家三脆

嫩笋、小蕈[①]、枸杞头，入盐汤焯熟，同香熟油、胡椒、盐各少许，酱油、滴醋拌食。赵竹溪（密夫）酷嗜此。

或作汤饼[②]以奉亲[③]，名“三脆面”。尝有诗云：笋蕈初萌杞采纤，燃松自煮供亲严。人间玉食何曾鄙，自是山林滋味甜[④]（蕈，亦名菰）。

【译】用嫩笋、小香菇、枸杞梢头，放在盐开水中焯熟，加少量的麻油、胡椒、盐，用酱油、醋拌食。赵竹溪（密夫）非常爱吃这个菜。

或者用这些料煮面条，拿来供奉给父母吃，叫“三脆面”。曾有一首诗写这件事：笋蕈初萌杞采纤，燃松自煮供亲严。人间玉食何曾鄙，自是山林滋味甜（蕈，也叫菰）。

玉井饭

章雪斋（鉴）宰德泽时，虽槐古马高[⑤]，尤喜延客，然后食多不取诸市，恐旁缘扰人[⑥]。

① 蕈（xùn）：香菌，蘑菇之类。

② 汤饼：水煮的面食，面片儿汤。

③ 奉亲：供奉父母。

④ 诗的大意是：笋、蕈要刚生出来的，枸杞要采细嫩头，烧起松柴亲自煮好供奉父母亲。这那里是鄙薄轻视高贵的食品，只因山林“三脆”另有特别甜美的滋味。

⑤ 槐古马高：此处指职位高贵之意。槐，古代称三公、宰辅为“三槐”。

⑥ 旁缘扰人：要影响骚扰了别人。

一日往访之，适有蝗不入境之处[①]，留以晚酌数杯，命左右造玉井饭，甚香美。其法：削嫩白藕作块，采新莲子去皮心，候饭少沸投之，如盦饭法。盖取“太华[②]峰头玉井莲，花开十丈藕如船”之句。

昔有藕诗云：“一弯西子臂，七窍比干[③]心”。今杭都范堰经进七星藕，大孔七，小孔二，果有九窍。因笔及之。

【译】章雪斋做德泽长官时，虽然职高功大，却尤其喜欢宴请客人，但是却很少从市场上去置办，唯恐因此给地方造成影响骚扰了别人。

有一天，我到他那里拜访，恰巧没有像蝗虫一样蜂拥而来的食客，他留我晚上喝了几杯酒后，就叫家人做了“玉井饭”，味道非常香美。这饭的做法是：把嫩白藕削块，采新莲子去掉皮和莲心，等饭稍滚起来就都放进去，按烧干饭的方法焖熟。饭的名字是从“太华峰头玉井莲，花开十丈藕如船”的诗句中取来的。

从前有一首诗形容藕是：“一弯西子臂，七窍比干心。”现在，杭州范堰的七星藕，大孔七个，小孔两个，果然有九窍孔，所以这里记下来。

① 适有蝗不入境之处：不解。似为恰巧没有别的食客之意。宋时（公元1054年）有过一场非常可怕的蝗害。王令写过一篇《梦蝗》，鞭挞一些不劳而食的社会寄生虫。此处或即用此意。苏东坡《答郡中同僚贺雨》诗“渡河不入境，岂若无蝗虎”句可参照。

② 太华：华山。因此山远望其形如华（花），故称华山。又因为其西有少华山，所以又叫太华。

③ 比干：商殷时纣王之叔伯父。传说他心有七窍，通达事理，才智过人。

洞庭饐[1]

旧游东嘉时，在水心先生[2]席上，适净居僧送饐至。如小钱大，各合以桔叶，清香霭然[3]如在洞庭左右。先生诗曰：不待归来霜后熟，蒸来便作洞庭香。

因谒寺僧，曰：采莲与桔叶捣汁加蜜，和米粉作饐，各合以叶蒸之。市亦有卖，特差多耳。

【译】从前在东嘉游历时，在水心先生的席上，碰到净居僧来送“饐”这种面食。像小铜钱那样大，每个都合盖着橘叶，散发出来的清香，如同在洞庭旁闻到的一样。水心先生作诗说：不待归来霜后熟，蒸来便作洞庭香。

因此专门去找寺庙的和尚询问制法，他告诉我说：采摘莲蓬来同橘叶一起捣烂成汁，加上蜜糖，揉和进米粉做成“饐”，每个包上橘叶后蒸熟就行了。市上也有卖的，不过风味比自己做的就差多了。

荼蘼粥

（附木香菜）

旧辱[4]赵东岩子岩云（瑻夫）寄客诗[5]，中款有一诗云：“好春虚度三之一，满架荼蘼取次开。有客相看无可设，数

① 饐（yì）：一般作食物经久腐臭解。此处通“餲（ài）”字，指一种面食。

② 水心先生：南宋时哲学家叶适。

③ 霭然：云气。

④ 辱：旧时表示承受的廉辞。

⑤ 寄客诗：寄来客居在外写的诗。

枝带雨剪将来[1]。”始谓非可食者。一日，过灵鹫访僧苹州德修，午留粥，甚香美。询之，迺荼蘪花也。其法：采花片，用甘草汤焯，候粥熟同煮。

又，采木香嫩叶，就元焯[2]，以盐、油拌为菜茹。

僧苦嗜吟，宜乎知此之清切[3]。知岩云之诗不诬[4]也。

【译】从前接到赵东岩儿子岩云在外客居时寄给我的诗，里面有一首写着：“好春虚度三之一，满架荼蘪取次开。有客相看无可设，数枝带雨剪将来。”开始，我还以为荼蘪花是不可以吃的。后来有一天，经过灵鹫去见僧人苹州德修，中午留我吃粥，感到味道非常香美。我问他是什么做的，原来正是放上了荼蘪花啊。荼蘪粥的做法是：采来花瓣，用甘草汤水稍焯一下，等粥烧熟了放进去一起煮，就可以了。

另外，采木香花的嫩叶，趁新鲜马上放水中稍焯一下，取出同盐、油拌起来，就可当菜吃。

僧刻苦好诗，应该是对它的味道了解得清楚真切了。从这里才知道岩云的诗也不是瞎说的。

---

① 诗的大意是：春季一晃就到了仲春，满花架的荼蘪花先后都开放了。来客相对而坐没有什么可以招待的，只好剪几枝带着雨露的荼蘪花端上来。

② 就元焯：趁新鲜焯一下。

③ 宜乎知此之清切：应是清楚确切知道它的味道。

④ 不诬：不是瞎说、胡说。

蓬糕

采白蓬[1]嫩者，熟煮，细捣，和米粉加以糖，蒸熟，以香为度。

世之贵介[2]，但知鹿茸、钟乳为重[3]，而不知食此大有补益。讵[4]不以山食而鄙之哉！

闽中有草稗。

又饭法：候饭沸，以蓬拌面煮，名蓬饭。

【译】采嫩的白蓬草，煮烂，捣细，和上米粉，加糖，蒸熟。蒸到发出香味为标准。

社会上的显贵有钱人，只知道看重鹿茸、钟乳，不懂得吃蓬糕也有很大的滋补好处。怎么可以因为是民间食物就鄙薄它呀！

福建中部地区，有用草稗来做的。

另外，做成饭的方法是：等饭烧滚起来，用蓬草拌面，放到饭里面，就叫“蓬饭”。

樱桃煎

樱桃经雨，则虫自内生，人莫之见[5]。用水一碗浸之，

---

① 蓬：草名，一般叫蓬草。枯后断根，遇风飞旋，所以又叫飞蓬。

② 贵介：显贵。介，大。

③ 鹿茸、钟乳：均为贵重滋补品。

④ 讵（jù）：岂，怎。

⑤ 人莫之见：人看不见它。

良久，其虫皆蛰[1]，蛰而出，乃可食也。

杨诚斋诗云："何人弄好乎？万颗捣尘脆。印成花钿薄，染作冰澌紫。北果非不多，此味良独美[2]。"要之其法，不过煮以梅水，去核，捣印为饼，而加以白糖耳。

【译】樱桃经过雨淋，里面就要生虫，人看不见。把樱桃浸到一碗水中，一会儿，樱桃里的虫子就不动不食了，爬出果子外面，这时樱桃才可以吃。

杨诚斋的诗说："何人弄好乎？万颗捣尘脆。印成花钿薄，染作冰澌紫。北果非不多，此味良独美。"做樱桃煎的要领，不过就是用梅子水煮了，去掉果核，捣印成饼，再加上白糖罢了。

如荠菜

刘彝学士宴集间，必欲主人设苦荬[3]。狄武襄公青帅边[4]时，边郡难以时置[5]。一日集彝与韩魏公[6]对坐，偶此菜不

---

① 蛰：不动不食的状态。

② 杨诗大意是：谁做得这样技艺好？万颗樱桃捣得细又脆。印成像花朵首饰那样薄，又像紫色冰莹。北方果子并不是不多，唯独这一种水果特别好吃。花钿，用金翠珠宝制成花朵形的首饰。冰澌（sī），原指流水，这里泛指冰状结晶。

③ 苦荬（mǎi）：荬，据吴其濬（jùn）《植物名实图考》载，有"苦荬""苣荬"等数种。嫩茎叶可食。按本文中，作者似将"苦荬""荼""苦菜"等同。

④ 狄武襄公青帅边：狄青挂帅镇守边疆。狄青，宋名将，封武襄公。

⑤ 时置：经常备有。

⑥ 韩魏公：指韩世忠。

设，骂狄分至黥卒[①]。狄声色不动，仍以先生呼之。魏公知狄真将相器[②]也。《诗》云[③]“谁谓荼苦”，刘可谓“甘之如荠”者。

其法：用醯酱独抖生菜。然作羹，则加之姜，盐而已。

《礼记》：孟夏[④]苦菜秀[⑤]，是也。《本草》：一名荼，安心益气。隐居作屑饮，不可寐。今交广多种之。

【译】刘彝学士宴饮集会时，总要主人准备苦荬这个菜。在武襄公狄青挂帅镇守边疆时，这个菜在边区很难经常置备。有一天，狄青宴请刘彝和韩魏公，恰恰没备这个菜，刘彝就一直从狄青骂到士兵。狄青一点也不生气发火，仍旧客客气气地称他先生。韩魏公觉得狄青真是个将相人才，才会有这样的度量。《诗经》上说“谁谓荼苦”，刘彝可以说是那个“甘之如荠”的人了。

这个菜的做法，只用醋、酱拌生菜即可。如要做成羹菜，也不过是再加上姜、盐罢了。

它就是《礼记》上说的初夏开花的苦菜。《本草》上又叫它是“荼”，能安心益气。晚上喝了，睡不着觉。现在交

---

① 黥（qíng）卒：古时常将犯人脸上用刀刺刻涂上墨，作记号，发配边疆充军。即称“黥卒”。

② 将相器：即武将文相的人才。器，才能，人才。

③ 《诗》云：即《诗经·邶风·谷风》的“谁谓荼苦？其甘如荠”。本文“如荠菜”的命名，就是出典于这句诗。

④ 孟夏：夏季的第一个月。

⑤ 苦菜秀：见于《礼记·月令》“孟夏之月”。秀：植物结果或开花。

广之地多有种植。

萝菔[①]面

王医师承宣，常捣萝菔汁搜面作饼，谓能去面毒。《本草》云：地黄[②]与萝菔同食，能白人发。

水心先生酷嗜萝菔，甚于服玉，谓“诚斋云，萝菔始是辣底玉”。

仆与靖逸叶贤良绍翁[③]，过从二十年，每饭必索萝菔，与皮生啗[④]，乃快所欲。

靖逸平生读书不减水心，而所嗜略同。或曰能通心气，故文人嗜之。然靖逸未老而发已皤[⑤]，岂地黄之过与？

【译】王承宣医师，经常捣碎萝卜取汁揉面做饼，说这样能解除面中的毒质。《本草》上讲：地黄同萝卜一起吃，会使人的头发变白。

水心先生非常爱吃萝卜，甚至胜过服食玉石。他引用杨万里的话解释说：“萝卜才是辣底玉石。”

我同才高德重的叶绍翁（靖逸），有二十年的交往，他每顿饭都要讨来萝卜，连皮生吃，很是痛快。

---

① 萝菔：萝卜。

② 地黄：中药名。

③ 仆与靖逸叶贤良绍翁：我和叶绍翁。贤良，有德行，有才能的人。叶绍翁，宋宁宗、理宗时人，号靖逸。

④ 啗（dàn）：吃或给人吃。

⑤ 皤（pó）：白。

靖逸一生读书不比水心少，又都爱吃萝卜。这大概是因为萝卜能消食解胃气，所以读书人才都有这个嗜好。还要提出的是，靖逸还没老，头发就白了，难道是他同食的地黄的过错吗？

麦门冬[1]煎

春秋，采根去心，捣汁和蜜，以银器重汤煮，熬如饴为度。贮之磁器内。

温酒化，温服。滋益多矣。

【译】春秋，采挖麦门冬的根，去掉中间的心，捣烂成汁水，和进蜜糖，用银器多放水来煮，熬成像饴糖的样子，才算好了。要用瓷器盛放保存。

吃的时候，先用温酒稀释，趁热吃。滋补益处很多。

假煎肉

瓠[2]与麸[3]薄切，各和以料煎（麸以油浸煎；瓠以肉脂煎），加葱、椒油、酒共炒。瓠与麸不惟如肉，其味亦无辨者。吴何铸[4]宴客，或出此。吴中贵家，而喜与山林朋友嗜此清味，贤矣。或常作小青锦屏风，乌木瓶簪，古梅枝缀

---

① 麦门冬：简称“麦冬”，即百合科沿阶草的根。味甘微苦，性寒。中医入药，有养阴、生津、润肺止咳功能。所以，本文说“滋益多矣”。

② 瓠（hù）：蔬菜名，即瓠瓜。一年生草本植物，茎蔓生，夏天开白花，果实长圆形，嫩时可食。

③ 麸：此处指面筋。

④ 何铸：宋时余杭（今杭州）人。秦桧诬害岳飞时，曾为岳飞鸣冤。

象，生梅数花寘座右，欲左右未尝忘梅。

一夕，分题赋词，有孙贵蕃施游心，仆亦在焉。仆得心字（恋绣衾），即席云："冰肌生怕雪来禁，翠屏前短瓶满簪，真个是疎枝瘦，认花儿不要浪吟，等闲蜂蝶都休惹。暗香来时借水沉，既得个厮偎伴任风雪。"尽自于心，诸公差胜，今忘其辞。每到必先酌以巨觥[①]，名"发符酒"，而后觞咏[②]，抵夜而去。

今喜其子侄皆克肖[③]，故及之。

【译】瓠瓜和面筋都切成薄片，分别加料后用油煎（面筋用油煎；瓠瓜用猪脂油煎），然后加葱、花椒油、酒一起炒。瓠瓜和面筋不但样子像肉，而且味道也不能辨别，同肉味相同。吴地何铸家宴请客人，有时要上这个菜。他是吴中的富贵之家，而能喜欢同隐居山林的朋友一样爱好这个清雅的菜，高尚啊！另外，他家还常作小青锦屏风，乌木瓶簪，古梅缀象，并在座上放置几枝梅花，这是想让左右不忘梅花。

一天晚上，分题目作词，有孙贵蕃、施游心，我也在座。我分得心字（恋绣衾）的题，就当场赋道："冰肌生怕雪来禁，翠屏前短瓶满簪，真个是疎枝瘦，认花儿不要浪

① 觥（gōng）：古代酒器，腹椭圆，上有提梁，底有圈足，兽头形盖，亦有整个酒器作兽形的，并附有小勺。

② 觞（shāng）咏：指行酒令咏诗。觞，古代酒器。

③ 克肖：指儿子能像先辈。克，能。肖，象；似。

吟，等闲蜂蝶都休惹。暗香来时借水沉，既得个厮偎伴任风雪。”诸公都以心字为赋，比我写得好，现在忘记了内容。那时，每次去了都要先喝一大杯酒，叫作“发符酒”，而后行酒令按题咏诗，到晚上才散去。

现在很高兴何铸的子侄能像他那样有出息，所以才提起这件事。

橙玉生

雪梨大者，去皮核，切如骰子大；后用大黄熟香橙，去核捣烂，加盐少许，同醋、酱拌匀供，可佐酒兴。

葛天民尝北梨诗云：“每到年头感物华，新尝梨到野人家。甘酸尚带中原味，肠断春风不见花[①]。”虽非味梨，然每爱其寓物有黍离之叹[②]，故及之。

如咏雪梨，则无如张头埜[③]（蕴）“蔽身三寸褐，贮腹一团冰[④]”之句。被褐怀玉者[⑤]，盖有取焉。

【译】大的雪梨，削掉皮挖去核，切成像骰子一样大，

---

① 引诗大意是：每到年头就想到北方精美的物产，那里的梨又运到我这读书人家来尝新了。梨儿的甜酸味勾起了对中原故国的怀念，伤心春风来了还不能去那里看花。野人：逸士隐者，读书人。

② 黍离之叹：典出《诗经·王风·黍离》。在封建社会中，“黍离之叹”常作为“亡国之叹”的借喻。

③ 张头埜（yě）：人名。字蕴。

④ 诗句大意：遮身的虽是粗陋衣服，肚里装着的却是一团冰洁。褐：用兽皮、粗麻做的短衣，引申为古时贫苦人所穿的粗布衣服。冰：冰洁，引申为清白无邪。

⑤ 被褐怀玉者：人穷才高的，人穷志不穷的。

然后再把黄熟了的大香橙也去核捣烂，加上很少一点盐，一起用醋、酱拌匀吃，可以增添饮酒的兴致。

葛天民曾有一首尝北梨的诗："每到年头感物华，新尝梨到野人家。甘酸尚带中原味，肠断春风不见花。"虽然不是描写梨的味道，但是我常喜欢用它借物叙情，抒发怀念故国的感慨，所以才提起。

至于咏雪梨，没有比张头埜（蕴）"蔽身三寸褐，贮腹一团冰"的诗句更好的了。所以说，人穷才高的吃"橙玉生"，就是取它这个意思。

玉延索饼

山药，名薯蓣，秦楚之间名玉延。花白，细如枣，叶青，锐于牵牛。夏日，溉以黄土壤，则蕃。春秋采根，白者为上。

以水浸，入矾少许，经宿，洗净去延，焙干，磨筛为面。宜作汤饼用。

如作索饼[①]，则熟研滤为粉，入竹筒微溜于浅酸盆内，出之于水，浸去酸味，如煮汤饼法。

如煮食，惟刮去皮，蘸盐、蜜皆可。

其味温，无毒，且有补益。故陈简斋有《延玉赋》，取香、色、味以为三绝。陆放翁亦有诗云："久缘多病疏云

① 索饼：面条，粉条。

液，近为长斋煮玉延[1]。”

比于杭都[2]多见。如掌者名佛手药，其味尤佳也。

【译】山药，又名薯蓣，秦楚之间的地区叫玉延。花白色，像细小的枣花，叶子青色，比牵牛花尖。夏天引水到黄土壤地中就可以繁殖生长。春秋采挖根块，白色的最好。

山药用水浸起来，加少量白矾，浸上一夜，洗干净，去掉黏液，烘焙干燥后，磨碎筛成粉面。适宜做水煮面食用。

如果要做面条，那就要细研磨、过滤出淀粉来，放进竹筒，让它从细竹洞孔漏到浅盆中溜熟，捞出来放到水中，浸去酸味，再用水煮面食的方法烧成。

如果煮食山药，只要刮去皮，蘸着盐、蜜吃都可以。

山药性温和，没有毒性，而且还有滋补的好处。所以，陈简斋在《延玉赋》中，称它在香、色、味三方面都非常好。陆游也有一首诗说：“久缘多病疎云液，近为长斋煮玉延。”

杭州附近山药很多。像手掌样子的叫佛手（山）药，味道尤其好。

大耐糕

向云杭公（兖），夏日命饮，作大耐糕。意必粉面为之。及出，乃用大李子。

---

① 诗句大意是：久因多病少吃白粥，近为吃素煮山药。

② 比于杭都：靠近杭州。杭州当时为南宋京都，故称杭都。

生者，去皮剜核，以白梅、甘草汤焯过，用蜜和松子肉、榄仁（去皮）、核桃肉（去皮）、瓜仁刬[①]碎，填之满，入小甑蒸熟。谓耐糕也。非熟，则损脾。且取先公大耐官职之意，以此见向者有意于文简[②]之衣钵也。夫天下之士，苟知"耐"之一字，以节义自守，岂患事业之不远到哉。因赋之曰：既知大耐为家学，看取清名自此高。

《云谷类编》[③]乃谓大耐本李沆[④]事，或恐未然。

【译】向云杭公（兖），夏天叫我去喝酒，要做大耐糕吃。我想一定是用面粉做成的。等端出来时，竟然是用大李子做的。

生的李子，去皮挖掉核，用白梅、甘草汤焯过，再用蜜拌和铲碎了的松子肉、去皮的榄仁、去皮的核桃肉、铲碎的瓜子仁，把它填满，放进小蒸锅中蒸熟，这就叫"耐糕"。不蒸熟则伤脾胃。同时又含有先辈担任"大耐官职"的意思，用这个来表达向家有意于继承文简公的精神。天下的读书人，若明白"耐"这一个字的意思，自守节义，那还不怕事业不远大吗！因此，我赋诗赞扬说：既知大耐为家学，看

---

① 刬（chǎn）：同"铲"，铲子。铲平、削平。

② 文简：即向敏中。宋时开封人。居大任三十年，性情端厚，人以重德目之，门阑寂然，宴饮不备。皇帝赞他敏中大耐官职。卒谥文简。

③ 《云谷类编》：宋时张淏（hào）撰写的一部笔记，多为记述当代史事、人物及考辨艺文之作。书久佚。

④ 李沆（hàng）：宋时期名相、诗人。字太初，洺（míng）州肥乡（河北邯郸）人。

取清名自此高。

《云谷类编》竟然把“大耐”说成是李沆的事，这恐怕未必然了。

鸳鸯炙

蜀有鸡，嗉[1]中藏绶[2]如锦，遇晴则向阳摆之，出二角寸许。李文饶诗云：“葳蕤散绶轻风里，若御若垂何可疑[3]。”王安石诗云：“天日清明即一吐，儿童初见互惊猜。”生而反哺[4]，亦名孝雉。杜甫有“香闻锦带美”之句，而未尝食。

向游吴之芦区，留钱春塘，在唐舜选家持螯把酒。适有弋人[5]携双鸳至。得之，火寻，以油爁[6]，下酒、酱、香料、燠[7]熟。饮余吟倦，得此甚适。诗云：“盘中一箸休嫌瘦，入骨相思定不肥。”不减锦带矣。

靖言：思之吐绶、鸳鸯，虽名以文采[8]烹，然吐绶能返哺，烹之忍哉？

---

① 嗉（sù）：鸟的食管末段盛食物的囊，即嗉囊、嗉子。

② 绶（shòu）：此处指丝带状的鸟绶垂。

③ 大意是：许多鸟绶垂散开在轻风里，像驾御的佩带又像垂饰弄不清。葳（wēi）蕤（ruí）：草木茂盛，枝叶下垂的样子。

④ 反哺：鸟雏长大，衔食哺其母，报答亲恩。亦可写作“返哺”。

⑤ 弋（yì）人：猎人。

⑥ 爁（lǎn）：烤炙。

⑦ 燠（yù）：暖。此处似应用“熬”。

⑧ 文采：错杂华丽的色彩，五彩缤纷。

雉，不可同胡桃、木耳箪食[1]，下血。

【译】蜀地有一种鸡，嗉子中藏着的绶垂像锦带一样，碰到晴天就向太阳摆出，二角有寸把长。李文饶的诗说它："葳蕤散绶轻风里，若御若垂何可疑。"王安石的诗说："天日清明即一吐，儿童初见互惊猜。"此鸡生下来就能找食衔给母鸡，所以也叫孝雉。杜甫也有"香闻锦带美"的诗句，但我未曾吃过。

从前我去游历吴地的芦区，留在钱春塘唐舜选家里吃螃蟹喝酒，恰巧有个猎人拿着一对鸳鸯来。得到后，褪净毛，用油炙烤，再加上酒、酱、香料，燠熟。酒兴之后，吟诗倦时，得到这个野味很合口味，正像一首诗所说："盘中一箸休嫌瘦，入骨相思定不肥。"风味并不比锦带鸡差。

和靖曾说：想想吐绶、鸳鸯，虽然都因华丽好看可以烹食，但是吐绶能报养其母，烹食它能忍心吗？

吐绶鸡，不可同胡桃、木耳盛放在一起吃，因为这样会下血。

笋蕨馄饨

采笋、蕨嫩者，各用汤焯，以酱、香料、油和匀，作馄饨供。

向者，江西林谷梅（少鲁）家，屡此品。后坐古香亭

① 箪（dān）食：盛放在一起吃。箪，古代盛饭的竹器。

下，采药芎菊[1]苗荐茶，对玉茗[2]花，真佳适也。

玉茗似茶少异，高约五尺许。今独林氏有之。林乃金台山房之子，清可想矣。

【译】采嫩笋、蕨菜，各用水焯过，用酱、香料、油和匀作馅，包馄饨吃。

从前，在江西林谷梅（少鲁）家中，经常做这种馄饨。后来坐在古香亭下，采摘芎菊苗，掺到茶和玉茗花中冲吃，非常有味。

玉茗很像茶，高有五尺左右。现在只有林家还有。林谷梅是金台山房的儿子，清雅是可想而知了。

雪霞羹

采芙蓉花，去心、蒂，汤焯之，同豆腐煮。红白交错，恍如雪霁[3]之霞，名“雪霞羹”。

加胡椒、姜，亦可也。

【译】摘芙蓉花，去掉花芯、蒂柄，用开水焯过，同豆腐一起煮。成菜红、白两种颜色混合在一起，隐约像雪后天边出现的红霞那样，所以叫“雪霞羹”。

加上胡椒、姜也可以。

---

① 芎（qióng）菊：多年生草本植物。

② 玉茗：白山茶花。

③ 霁（jì）：本指雨停止。引申为风雪停，云雾散，天放晴。

鹅黄豆生

温陵人，前中元[①]数日，以水浸黑豆，曝之及芽，以糠粃[②]寘盆中，铺沙植豆，用板压，及长，则覆以桶，晓则晒之。欲其齐而不为风日损也。中元，则陈于祖宗之前。越三日出之，洗，焯以油、盐、苦酒、香料，可为茹。卷以麻饼，尤佳。色浅黄，名"鹅黄豆生"。

仆游江淮二十秋，每因以起松楸之念[③]，将赋归[④]以偿此一大愿也。

【译】温陵人，在中元节前几天，就要用水浸黑豆，晒着，等到黑豆刚出芽，盆中放秕糠，再铺上沙土，种植进豆芽后，用板压起来。等长起来，就用桶盖在上面，只在早上才让它见见阳光，晒一晒。这是为了要它长得整齐，同时避免风吹日晒的损害。中元节这一天，将豆芽供陈在祖先牌位前面。供过三天，从供桌撤出，在水中焯洗一下，加上油、盐、醋、香料，可以成菜。用麻饼卷着吃，尤其好。因为它颜色浅黄，所以叫"鹅黄豆生"。

---

① 中元：旧俗以阴历七月十五日为"中元节"（"上元节"是正月十五，即元宵节）。这一天，道观作斋醮，僧寺作盂兰盆斋，民间也在这一天祭祖并为所谓鬼做超度。

② 糠粃（bǐ）：米皮和秕谷，引喻为琐碎无用的东西。粃，为"秕"（bǐ）的异体字，指中空或不饱满的谷粒。

③ 松楸之念：松树与楸树多植于墓地，古常用以为墓地代称。唐刘禹锡有："若使吾徒还早达，亦应箫鼓入松楸。"的诗句。此处指扫墓之念。

④ 赋归：辞官回乡。出典于陶渊明写的《归去来兮辞》，弃官归田一事。

我游历江淮已有二十年，每次吃鹅黄豆生都会引起扫墓的念头，真想弃官归乡来偿还自己这个宿愿。

真君粥

杏子，煮烂去核，候粥熟，同煮。可谓“真君粥”。

向游庐山，闻董真君①未仙时，多种杏。岁稔②，则以杏易谷；岁歉，则以谷贱粜③，时得活者甚众。后白日升仙，世有诗云：“争似莲花峰下客，种成红杏亦升仙。”

岂必颛④而炼丹服气，苟未死名已仙矣。因名之。

【译】杏子，煮烂除去杏核，等粥烧熟放进去一起煮。这可以称作“真君粥”。

从前游庐山，听说董真君未成仙之前种了很多杏树。庄稼丰收，他就用杏子换进稻谷；庄稼歉收，他就把谷子贱卖出去，很多人因此得救。后来，他光天化日之下升仙而去，有人写诗说他是“争似莲花峰下客，种成红杏亦升仙”。

哪里用非去愚昧地炼丹服气求成仙，假如能为人做点功德的事，人虽然没死，他的名字也会被看作成了仙。因此叫

① 董真君：指三国时名医董奉。当时，他行医庐山不收分文，唯要求病人在治愈重病时植杏树五棵，治愈轻病时植一棵。由于医术高明，只有几年，就得杏树十余万棵，蔚然成林。后遂成为称颂医师医术高明的出典，如“杏林春满”“春满杏林”等。《太平广记·董奉》引《神仙传》借此演义，把董奉说成在此修炼成仙，因称“董仙杏林”。本文即据此称为“真君”。

② 稔（rěn）：庄稼成熟丰收。

③ 粜（tiào）：卖出粮食。

④ 颛（zhuān）：愚蒙；愚昧。

它“真君粥”。

酥黄独

雪夜，芋正熟，有仇芋曰[①]：从简载酒来，扣门就供之。乃曰：煮芋有数法，独“酥黄独”世罕得之。熟芋截片，研榧子[②]、杏仁，和酱，拖面煎之，且白侈为[③]。其妙。

诗云：“雪翻[④]夜钵裁成玉，春化寒酥煎作金。”

【译】下雪天的晚上，我刚把芋艿煮熟，就有好芋艿的友人来说：“按照你的信带酒来，找上门来吃芋艿了。”并说煮芋艿有几种做法，只有做“酥黄独”味道最难得。先把芋艿烧熟切片，再把榧子、杏仁研碎，和入酱，一起用面糊拖过油煎，别煎得太过分，很好吃。

有诗形容它：“雪翻夜钵裁成玉，春化寒酥煎作金。”

满山香

陈习庵（慎）学圃诗云：“只教人种菜，莫误客看花。”可谓重本[⑤]而知山林味矣！

---

① 有仇芋曰：有爱以芋艿作下酒菜的朋友说。仇，匹配。

② 研榧（fěi）子：又称香榧、赤果、玉山果、玉榧、野极子等，是一种红豆杉科植物的种子，其果实外有坚硬的果皮包裹，大小如枣，核如橄榄，两头尖，呈椭圆形，成熟后果壳为黄褐色或紫褐色，种实为黄白色，富有油脂和特有的一种香气，很能诱人食欲。种子供食用，可榨油和药用。香榧子炒香且发黄后，去壳和皮后研末。

③ 且白侈为：原文如此，费解。一解：“白”通“别”，意为不要煎得太过分。一解：白指酒杯，意为举杯痛快吃一顿。

④ 翻（fān）：同“翻”，翻腾。

⑤ 重本：重视农业基础之意。

仆春日渡湖，访雪独庵，遂留饮，供春盘[①]。偶得诗云：“教童收取春盘去，城市如今菜色[②]多。”非薄菜也，以其有所感而不忍下箸也。薛曰：“昔人赞菜有云，可使士大夫知此味，不可使斯民有此色。”诗与文虽不同，而爱菜之意无以异。

一日，山妻煮油菜羹，自以为佳品。偶郑渭滨（师吕）至，供之，乃曰：“予有一方为献：只用莳萝、茴香、姜、椒为末，贮以葫芦，候煮菜少沸，乃与熟油、酱同下，急覆之，而满山已香矣。”试之，果然，名“满山香”。

比[③]闻汤将军孝信，嗜菜，不用水只以油炒，候得汁出，和以酱料盦[④]熟。自谓香品过于禁脔[⑤]。汤，武士也，而不嗜杀，异哉！

【译】陈习庵写的学圃诗中说：“只教人种菜，莫误客看花。”这可说是重视以农为本又知山林风味了。

我立春这天过湖，去拜访雪独庵，被留下喝酒，并上了一盆“春盘”。于是我写诗说：“教童收取春盘去，城市如今菜色多。”这不是我鄙薄吃菜，而是因为菜给我的感触，

① 春盘：古俗在立春日用蔬菜、水果、饼饵等装盘，馈送亲友，此即“春盘”。

② 菜色：指饥民的脸色。

③ 比：近来，最近。

④ 盦：古代盛食物的器皿。

⑤ 禁脔（luán）：最美味的肉，并引申比喻不许别人染指的独占物。晋元帝未即位前，每得一猪视为珍膳。猪项上肉味美，部下得到都要献给他，不能自己吃，所以称为“禁脔”。脔，切成块的肉。

使我不忍心动筷去吃它。薛说："古人称赞菜时曾说过，可以让读书人知道它的味道，不可以让老百姓脸上有它的颜色。"诗同文章谈的角度虽然不同，但它们的爱菜意思却并没有不同。

有一天，我妻子煮油菜羹，自以为烧得不错。恰巧郑渭滨（师吕）来，给他这菜吃，他就说了："我倒有一个做法贡献出来，只要将莳萝、茴香、姜、花椒研末，用葫芦盛着，等煮的水刚沸菜也刚好浮起来，就将它和熟油、酱一起放进锅中，赶紧盖起来，这时香味就好像飘满山了。"我一试，果然像他说的那样，因而命名此菜为"满山香"。

最近听说汤孝信将军，爱吃焖烧菜，不加水先用油炒，等菜炒得出水，再和进酱料放入容器里焖烧熟。他自称其香超过了最美味的肉。汤是个武人，却不喜欢杀生，奇怪呀！

酒煮玉蕈

鲜蕈净洗，约水煮，少熟，乃以好酒煮。或佐以临漳绿竹笋，尤佳。施芸《隐枢玉蕈》诗云："幸从腐木出，敢被齿牙和；真有山林味，难教世俗知。香痕浮玉叶，生意满琼枝。饕[1]腹何多幸，相酬独有诗。"

今后苑多用酥炙，其风味犹不浅也。

【译】鲜蘑菇洗干净，尽量少放水煮到刚熟，就再用好酒煮。有时加上临漳的绿竹笋当配料，味道尤其好。施芸写

① 饕：贪甚叫饕，特指贪食。

过一首《隐枢玉蕈》诗说："幸从腐木出，敢被齿牙和；真有山林味，难教世俗知。香痕浮玉叶，生意满琼枝。饕腹何多幸，相酬独有诗。"

现在后宫厨房中多用酥烤的方法制作，仍能保持它的风味。

鸭脚羹

葵[①]，似今蜀葵。丛短而叶大以倾阳[②]，故性温。其法与羹菜同。《豳风·六月》[③]所烹者，是也。采之不伤其根，则复生。古诗故有"采葵莫伤根，伤根葵不生"之句[④]。

昔，公仪休相鲁，其妻植葵，见而拔之曰："食君之禄，而与民争利，可乎？"今之卖饼、货酱、贸钱、市药，皆食禄者，又不止植葵，小民岂可活哉？白居易诗云："禄米麞[⑤]牙稻，园蔬鸭脚葵。"因名。

【译】冬葵，同现在的蜀葵相像。株丛短小，凭借大的叶子倾向阳光，所以它性属温。做法同做羹菜一样。《豳风·六月》这首诗所讲的烹葵，就是它。采时不能伤它的根，第二年就能重新生长出来。古诗所以有"采葵莫伤根，

---

① 葵：即"冬葵"，我国古代重要的蔬菜之一。《齐民要术》将《种葵》列为蔬菜第一篇，王祯《农书》称葵为"百菜之王"。现江西、湖南、四川等省仍有栽培。

② 倾阳：葵叶倾向太阳。

③ 《豳（bīn）风·六月》：《诗经》中的一首诗，诗中写及葵。

④ 古诗：相沿专指汉代乐府诗之外的一批无名氏所作的五言诗。这里引用的这首诗全文是："采葵莫伤根，伤根葵不生，结交莫羞贫，羞贫交不成。"

⑤ 麞（zhāng）：同"獐"。

伤根葵不生”的诗句。

从前，公仪休做鲁相，他妻子种植冬葵，被他看到并拔掉了说：“吃君主的俸禄，还和老百姓争利益，这怎么可以呢？”现在却是不论卖饼、卖酱、钱财交易、贩药，都叫拿公家俸禄的人经营了，已经不仅是种种冬葵了，老百姓怎么可能生活啊！白居易有诗说：“禄米麞牙稻，园蔬鸭脚葵。”就是从这诗取的菜名。

石榴粉

（银丝羹附）

藕截细块[①]，砂器内擦稍圆，用梅水同胭脂染色，调绿豆粉拌之，入鸡汁煮，宛如石榴子状。

又，用熟笋细丝，亦和以粉煮，名银丝羹。

此二法，恐相因而成之者，故并存。

【译】莲藕切成小丁块，再放在砂器中搓擦成稍圆粒，用梅汁、胭脂染上颜色，用调好的绿豆粉同它拌起来，放到鸡汤中煮，做出来非常像石榴籽的样子。

另一方法是，用煮熟的笋，改刀切细丝，也拌绿豆粉用鸡汤煮，就成了“银丝羹”。

这两种吃法，恐怕是相互参考制成的，所以一起写在这里。

① 截细块：切成小丁块。

广寒糕

采桂英[①]，去青蒂，洒以甘草水，和米舂粉，炊作糕。大比[②]岁，士友咸作饼子相馈，取“广寒高甲[③]”之谶[④]。

又有采花略蒸，曝干作香者，吟边酒里，以古鼎燃之，尤有清意。童用（师禹）诗云：“胆瓶[⑤]清气撩诗兴，古鼎余葩晕酒香[⑥]。”可谓此花之趣也。

【译】采下桂花，去掉青色的花蒂，洒上甘草水，和在米中一起舂成粉，蒸成桂花糕。进京考试这一年，读书人的朋友都要用来做成饼子，相互赠送，取它“广寒高甲”（祝福考中状元）的寓义。

又有采来花略微蒸一下，晒干做成香的，读诗喝酒时，用古鼎烧着这种香，尤其是有一种清雅的气氛。童用（师禹）的诗中说：“胆瓶清气撩诗兴，古鼎余葩晕酒香。”可说是写出了这花的情趣了。

---

① 桂英：桂花。

② 大比：隋唐后泛指科举考试。

③ 广寒高甲：考中头名状元。广寒，指月亮，神话中说月中有桂树。唐人称科举考试及第为“折桂”。

④ 谶（chèn）：迷信的人所宣扬的将来能应验的预言、预兆。

⑤ 胆瓶：长颈大腹形如悬胆的瓶子。徐渭《十四夜》诗有“新折莲房插胆瓶”句。

⑥ 诗句大意是：花瓶中桂花的清香引逗人写诗的兴致，古香炉中的余花隐约散发出酒香味。

河祇粥

《礼记》：鱼干曰薨[①]。古诗有“酌醴焚枯[②]”之句。南人谓之“鲞[③]”。多煨食，罕有造粥者。

比游天台山，有取干鱼浸洗，细截，同米粥，入酱料，加胡椒（言能愈头风，过于陈琳之檄[④]）。亦有杂豆腐为之者。

《鸡跖集》云：武夷君食河祇脯，干鱼也。因名之。

【译】《礼记》上讲：鱼晒干了叫“薨”。古诗就有“酌醴焚枯”的句子。南方人称为鱼鲞。一般干鱼都是煨烤了吃的，极少有用来烧粥的。

最近去游天台山，见到有人把干鱼浸软洗净，切细，放到米里烧粥，再加上酱料和胡椒粉，说是能治好头风病，比陈琳檄文“能愈病”的效果还好。也有掺进豆腐做的。

《鸡跖集》说：“武夷君吃的河祇脯，就是干鱼。”所以取这个粥名。

---

① 薨（kǎo）：干的食品。干肉、干鱼及干的调味品。

② 酌醴焚枯：即指喝甜酒烧干鱼吃。醴，甜酒。枯，干枯，此指干鱼。

③ 鲞（xiǎng）：剖开晾干的鱼；腊鱼。

④ 过于陈琳之檄（xí）：意指说得比陈琳檄文能治头风病还玄乎。陈琳，汉末文学家，为“建安七子”之一。据《典略》载：“琳作诸书及檄，草成呈太祖（指曹操），太祖先苦头风，是日疾发，卧读琳所作，翕然而起曰：‘此愈我病，数加厚赐。’”

松玉

文惠太子问周颙[1]曰："何菜为最？"颙曰："春初早韭，秋末晚菘[2]。"

然菘有三种，惟白于玉者甚松脆。如色稍青者，绝无风味。因侈[3]其白者曰"松玉"，亦欲世人知有所取择也。

【译】南朝文惠太子问周颙："哪种菜最好？"周颙回答："开春早生的韭菜，深秋晚生的大白菜。"

其实大白菜分三种，唯有像玉一样白的才非常松脆。如果菜色稍青，就一点风味也没有了。因此，才夸色白的这种菜叫"松玉"，这也是想让人们知道怎样挑选这种菜呀。

雷公栗

夜读书倦，每欲煨栗，必虑其烧毡之患[4]。

一日，马北鄽[5]（逢辰）曰：只用一栗蘸油，一栗蘸水，寘铁铫[6]内，以四十七栗密覆其上，用炭火燃之，候雷声为度。偶一日同饮，试之果然，且胜于沙炒者。虽不及数亦可矣。

---

① 周颙（yóng）：南朝齐音韵学家、诗人、佛学家。

② 菘：大白菜。

③ 侈：夸张；夸大。

④ 烧毡之患：指栗子煨在火里爆裂。五代后蜀何光远《鉴戒录》："（太祖王建）旋令宫人于火炉中煨栗子，俄有数栗爆出，烧损绣褥子……太祖良久曰：'栗爆烧毡破，猫跳触鼎翻。'"后把栗爆喻为烧毡之患。

⑤ 马北鄽（chán）：人名。

⑥ 铁铫：铁锅。

【译】夜间读书疲倦的时候，常想煨点栗子吃，可又总是担心栗子的爆裂。

有一天，马北廓（逢辰）介绍了一个避免栗子爆裂的方法：只用一个栗子蘸上油，一个栗子蘸上水，放在铁锅里，另外用四十七个栗子密盖在这两个栗子上，用炭火烧。等听到锅里发出似雷声，就可以了。有一天在一起吃酒，按这个方法试了一下，果然灵验，而且还比沙炒的好吃。虽然不够上述的个数也是可以的。

东坡豆腐

豆腐，葱油[1]煎，用研榧子一二十枚和酱料同煮。又方，纯以酒煮。俱有益也。

【译】豆腐，用葱油煎后，再取一二十只香榧炒焦研末，加上酱料，同豆腐一起煮。另一方法，纯用酒煮油煎过的豆腐。这两种方法都有益处。

碧筒酒

暑月，命客泛舟莲荡中，先以酒入荷叶束之，又包鱼鲊[2]它叶内。俟舟迴[3]，风薰日炽，酒香鱼熟，各取酒及鲊，真佳适也。

① 葱油：葱放油中熬过，捞出。

② 鱼鲊：经过加工的鱼类食品，腌鱼或糟鱼之类。

③ 迴（huí）：同“回”。

坡云："碧筒时作象鼻弯[①]，白酒微带荷心苦[②]。"坡守杭时，想屡作此供用。

【译】大热天，让客人坐小船慢慢划行在莲花荡中，取鲜荷叶盛入酒后束牢，再取一片荷叶把腌鱼包牢。这样，等小船回航时，热风吹，炎日晒，就会酒也透香，鱼也晒热了。这时各自取食酒和鱼，真是痛快啊。

苏东坡诗中说："碧筒时作象鼻弯，白酒微带荷心苦。"苏东坡做杭州太守时，想来是常做碧筒酒吃的。

罂乳鱼

罂[③]中粟净洗，磨乳。先以小粉寘缸底，用绢囊滤乳下之，去清入釜，稍沸，亟洒淡醋收聚。仍入囊压成块，仍小粉皮铺甑内，下乳蒸熟，略以红曲水洒[④]。少蒸取出，切作鱼片，名"罂乳鱼"。

【译】罂中粟洗干净，磨成乳汁。先把小粉放置缸底，再把汁液用绢袋过滤到缸里，去掉沉淀后上面的清水，然后放锅中烧，稍微滚起来，就连忙洒淡醋使它收缩凝结。再取出放袋中压成块，仍用小粉皮铺蒸锅中，把乳块放上蒸熟。

① 碧筒时作象鼻弯：据张君房《脞（cuǒ）说》所载：后魏正始年间，郑公悫（què）于三伏天，率宾僚避暑于历城北使君林，取大荷叶盛酒，以簪刺令与柄通，屈茎上轮囷如象鼻，传吸之，名为碧筒杯。此句即说此意。

② 白酒微带荷心苦：指酒通过"碧筒杯"带有的味道。

③ 罂：指罂粟。未成熟时破皮取汁，可制鸦片。罂中有白米极细，可煮粥饭。其米壳入药。

④ 略以红曲水洒：稍洒上一些红曲水。似如现在的做发糕。

稍微洒上一点红曲水，再蒸一会儿取出，切作鱼片状，名叫“罂乳鱼”。

胜肉馅[①]

焯笋、蕈。同截，入松子、胡桃，和以油、酱、香料，搜麪[②]作馅子。

试蕈之法：姜数片同煮，色不变，可食矣。

【译】把笋和香菇用水焯煮一下，剁碎，加进松子、胡桃仁，调上油、酱、香料，揉面做饺子。

测试无毒能吃菇类的方法：用数片姜一块煮，颜色不变的菇类可以吃。

木鱼[③]子

坡云：“赠君木鱼三百尾，中有鹅黄木鱼子[④]。”春时，剥棕鱼蒸熟，与笋同法。蜜煮酢浸，可致千里。

蜀人供物，多用之。

【译】苏东坡诗中说：“赠君木鱼三百尾，中有鹅黄木鱼子。”春天，剥棕鱼蒸熟，同竹笋烧制方法一样，蜜煮醋浸，可以带到很远的地方去。

---

① 馅（jiá）：馅饼，饺子。

② 麪（miàn）：同“面”。

③ 木鱼：即棕笋，棕榈花苞。棕榈于农历三月于端茎中出数黄苞，苞中有细子成列，状如鱼腹孕子，因此又名“棕鱼”。

④ 引诗名《棕笋》。苏东坡在《棕笋·序》中说：“棕笋状如鱼，剖之得鱼子，味如苦笋而加甘芳。”“法当蒸熟，所施略与笋同。”

蜀地菜肴，常用它。

自爱淘

炒葱油，用纯滴醋和糖、酱作虀，或加以豆腐及乳饼[①]，候面熟，过水，作茵[②]供食。真一补药也。

食，须下热面汤一杯。

【译】葱炒出油，用醋和糖、酱作卤腌起来，或者再加上豆腐及“乳饼”，等面烧熟，过一下水，用此打底食用。吃了真可说是一补。

吃时，须放一杯热面汤。

忘忧虀[③]

嵇康[④]云：“合欢蠲忿，萱草忘忧[⑤]。”崔豹《古今注》曰“丹棘[⑥]”，又名鹿葱。

春采苗，汤焯过，以酱油、滴醋作为虀。或燥以肉。

何处顺宰相六合[⑦]时，多食此。毋乃以边事未宁而忧

① 乳饼：乳制食品名。《本草纲目》五十《乳腐集解》有造乳饼法。

② 作茵：即烹饪装盆中的打底。茵，垫子。

③ 虀（jī）：古同“齑”，即捣碎的姜、蒜、韭菜等。

④ 嵇（jī）康（公元224—263年）：三国时魏文学家、思想家、音乐家。为“竹林七贤”之一。

⑤ 合欢蠲（juān）忿，萱草忘忧：引自嵇康《养生论》，原句为“合欢蠲忿，萱草忘忧，愚智所共知也”。合欢，即马缨花。落叶乔木，花淡红色，树皮可制栲胶，中医以干燥树皮入药。蠲，除去，免除。萱草，即忘忧草、丹棘。

⑥ 丹棘：萱草的别名。晋崔豹《古今注》下《问答释义》：“丹棘，一名忘忧草，使人忘其忧也。”

⑦ 六合：天地四方，泛指天下。

未忘耶，因赞之曰：春日载阳，采萱于堂，天下乐兮，忧乃忘。

【译】嵇康说："合欢蠲忿，萱草忘忧。"崔豹的《古今注》讲萱草就是丹棘，又名鹿葱。

春天采萱草苗，用开水焯一下捞出，用酱油、醋作卤拌食。或者不用卤水，和肉一起吃。

何处顺当宰相时，经常吃这个菜。只怕是为了边境不安宁不能忘忧吧？因此称赞说，春天顶着太阳的照射，在堂前采摘萱草，天下都安居乐业，忧愁才忘了。

脆琅玕[1]

莴苣去叶、皮，寸切，瀹以沸汤，捣姜、盐，熟油、醋拌渍之，颇甘脆。

杜甫种此，旬不甲[2]，拆且叹："君子脱微禄，轗轲[3]不进，犹芝兰困荆杞[4]。"以是知诗人非有口腹之奉，实有感而作也。

【译】莴苣，去掉叶子和皮，切成一寸长的段，用滚水稍煮一下，把姜、盐捣细，同熟油、醋一起拌进去，腌一

---

① 琅（láng）玕（gān）：此处指竹。杜甫《郑驸马宅宴洞中》中有"留客夏簟青琅玕"。

② 不甲：引申为不萌芽。甲，草木萌芽时所顶的种子皮叫甲。

③ 轗（kǎn）轲：古同"坎坷"，道路不平，喻人生曲折多艰或不得志。

④ 犹芝兰困荆杞：就像芝兰香草被围困在带刺的荆棘之中，喻有才有德的人陷入困境。

腌，吃起来甘甜脆嫩。

杜甫种莴苣，下种十天还不见萌芽，只得边剜边叹息：“正直的人摆脱了菲薄的俸禄，人生道路坎坷不平，样样不得志，真像芝兰被荆棘围困住一样。”从这里可以知道，诗人并不是为了弄点吃的，实在是心有感触才这样作诗啊！

炙獐

《本草》：秋后，其味胜羊。道家羞[1]为白脯[2]。其骨可为獐骨酒。今作大脔，用盐、酒、香料腌少顷，取羊脂包裹，猛火炙熟，擘[3]去脂，食其獐。

麂同法。

【译】《本草》上说：（獐）秋后的味道比羊还好。道家把它做成干肉当食物。獐的骨头，可做獐骨酒。现在做大块肉，用盐、酒、香料稍腌一会儿，再拿羊脂包起来，用猛火烤熟，把外面的羊脂掰掉，吃中间烤好的獐肉。

烤麂肉，也用这个办法。

当团参

白扁豆[4]，北人名鹊豆。温，无毒，和中下气。烂炊，

① 羞：食品。

② 脯：干肉。

③ 擘（bāi）：同“掰”。

④ 白扁豆：鹊豆，也叫蛾眉豆。我国南北方均有栽培。嫩荚或种子做蔬菜，中医以种子、种皮和花入药。种子功用和中健脾，主治泄泻呕吐等症。因此，古人把它“当紫团参”食用。

其味甘。

今取葛天民诗云“烂炊白扁豆，便当紫团参”之句，因名之。

【译】白扁豆，北方人叫鹊豆。性温，无毒，有和中下气的功能。烧烂后，它的味道甘甜。

现在用葛天民“烂炊白扁豆，便当紫团参”诗句的意思，取名叫“当团参”。

梅花脯

山栗、橄榄，薄切，同拌加盐少许。同食，有梅花风韵。名“梅花脯”。

【译】山栗、橄榄，切成片，拌在一起加少许盐。一块吃有梅花的风味，所以叫它“梅花脯”。

牛尾狸

《本草》云：斑如虎者最[①]，如猫者次之。肉主疗痔病。

法：去皮，取肠腑，用纸揩净，以清酒洗，入椒、葱、茴香于其内，缝密，蒸熟。去料物，压宿，薄片切如玉。雪天炉畔，论诗炊酒，真奇物也。故东坡有“雪天牛尾”之咏[②]。或纸裹糟一宿，尤佳。杨诚斋诗云：“狐云韵胜冰玉腑，字则未闻名季狸，误随齐相燧牛尾，策勋封作

① 斑如虎者最：意指牛尾狸皮毛斑纹像老虎的为最好。

② 东坡有“雪天牛尾”之咏：指苏东坡《送牛尾狸与徐使君（时大雪中）》一诗。

糟丘子[①]。”

南人或以为绘形如黄狗，鼻尖而尾大者，狐也。其性亦温，可去风补痨。腊月取胆，凡暴亡者，以温水调灌之，即愈。

【译】《本草》上说：牛尾狸皮毛斑纹像老虎的为最好；像猫的，就差一些。它的肉主要能治痔病。

烧制方法是：剥去牛尾狸皮，取出肠腑内脏，用纸揩干净，用清酒再洗一下，肚中放花椒、葱、茴香，密缝起来，蒸熟后，去掉肚中的调料，压一夜，切成就像玉一样的薄片。下雪天，在炉边谈论诗歌写作，喝喝酒，这真是不寻常的一种下酒食物啊。所以，苏东坡才有“雪天牛尾”咏诗的兴致。或者去掉肚中的调料后，改为用纸包起来在酒糟中糟一宿，那味道尤其好。杨诚斋写诗说：“狐云韵胜冰玉腑，字则未闻名季狸，误随齐相燧牛尾，策勋封作糟丘子。”

江南人也有画图样，认为其模样像黄狗，鼻子尖而尾巴大的，那是狐狸。它的肉也属温性，可以去风补痨。腊月取下胆，碰到突然“暴亡”的，用温水调服，马上会救活。

---

① 杨诚斋的四句诗运用典故和双关语介绍了牛尾狸的四个方面，牛尾狸面白肉美，冬月极肥，肌肤如冰玉。不过它并不因此被叫为幼弱的狸子，它上树，食百果。这种尾巴似牛的狐狸可烧食。不过人多糟腌称珍品（参见《本草纲目》五十一卷《狸》）。齐相：指春秋时齐国的易牙。糟丘：酿酒的漕滓堆积成山。喻沉溺于酒。汉时王充在《论衡》中说：“纣为长夜之饮，糟丘、酒池，沉湎于酒，不舍昼夜，是必以病。”

金玉羹

山药与栗各片截，以羊汁加料煮，名“金玉羹”。

【译】把山药和栗子都切成片，放羊肉汤中加上作料煮，这个菜就叫“金玉羹”。

山煮羊

羊作脔，寘砂锅内，除葱、椒外，有一秘法：只用槌真杏仁数枚，活水煮之，至骨糜烂。

每惜此法不逢汉时一关内侯，何足道哉！

【译】羊肉切大块，放砂锅内，除了加葱、花椒以外，还要掌握一个烧制的秘法：只敲碎数枚真杏仁放进去，一起用活水焖煮，这样就会连羊的骨头也烧得酥烂。

常常可惜这个方法没让汉时那个关内侯所掌握，又有什么好说的呢！

牛蒡[1]脯

孟冬[2]后，采根净洗，去皮煮。毋令失之过，槌扁压乾，以盐、酱、茴、萝、姜、椒、熟油诸料研，浥[3]一两宿，焙干。食之如肉脯之味。

苟与莲脯同法。

【译】初冬十月后，采掘牛蒡根洗净，去皮煮。注意不

① 牛蒡：二年生草本植物，叶子互生，心脏形，有长柄，背面有毛，花管状，淡紫色，根多肉。根和嫩叶可做蔬菜，种子和根可入药，清热解毒。

② 孟冬：农历十月。

③ 浥（yì）：湿润。

要使它煮过头。煮好后，捶扁压去水分，再将盐、酱、茴香、萝卜、姜、花椒、熟油等料研在一起，放在捶扁压干的牛蒡根中，湿润一两个晚上，然后焙干。吃起来就像肉干的味道。

一般也可用做莲肉干的方法来做。

牡丹生菜

宪圣[①]喜清俭，不嗜杀，每令后苑[②]进生菜，必采牡丹瓣和之，或用微面裹，煠之以酥。

又，时收杨花[③]为鞵韈[④]褥之属。

性[⑤]恭俭，每至治生菜，必于梅下取落花以杂之。其香犹可知也。

【译】宪圣喜好清爽俭朴，不爱杀生，常叫宫里厨房给她做生菜吃。这个菜，一定要采摘牡丹花瓣拌和在里面，或者用面粉裹起来炸酥。

另外，她也经常收集杨花絮垫在鞋、袜、褥之类当中。

她性情恭俭，每次做生菜，必定要到梅树下拾取落花拌和进去。这个菜的香味便可想而知了。

---

① 宪圣：南宋高宗吴皇后。

② 后苑：指御厨房。

③ 杨花：柳絮。

④ 鞵（xié）韈（wā）：鞋袜的异体字。

⑤ 性：原文误作“姓”。

不寒齑

法用极清面汤，截菘菜[①]和姜、椒、茴、萝[②]。欲极熟，则以一杯元齑[③]和之。

又，入梅英一掬[④]，名“梅花齑”。

【译】（不寒齑的）制法是：用极清的面汤，切白菜放入，加上姜、花椒、茴香、萝卜，泡制。如果想泡制得熟透，只要用一杯老菜卤拌和就成了。

又，掺一捧梅花，就成了另一个菜，叫“梅花齑”。

素腥酒冰

米泔浸琼芝菜[⑤]，曝以日，频搅，候白，洗捣，烂熟煮。取出，投梅花十数瓣，候冻，姜、橙为鲙齑供。

【译】用淘米水浸琼芝菜，晒在太阳下面，不断搅动，等浸晒得发白了，洗净，捣烂后熬煮。取出来后，放上十多瓣梅花，等凉透成冻，加上姜、橙就可制成味同鲙齑的菜。

豆黄签

豆、面细茵，曝干藏之。青芥菜心同煮为佳。

第此二品，独泉有之。如止用他菜及酱汁，亦可，惟欠风韵耳。

---

① 菘菜：白菜，黄芽菜。

② 萝：此处似指萝卜。

③ 元齑：指老菜卤。

④ 掬：用双手捧起。

⑤ 琼芝菜：海产的石花菜类，通称洋菜，洋粉，也叫琼脂、冻菜。可制冷食。

【译】豆芽与麦芽，暴日晒干，收藏起来。吃的时候，用青芥菜心一起煮，最好。

但这两样东西只在泉州才有。假如用其他的菜和一般酱汁烹制也可以，不过就是风味要欠缺些罢了。

菊苗煎

春游西马塍①，会张将使元（耕轩），留饮，命予作菊田赋诗，作墨兰；元甚喜。数杯后，出菊煎。

法：采菊苗，汤瀹，用甘草水调山药粉，煎之以油。爽然有楚畹②之风。张深于药者，亦谓菊以紫茎为正云。

【译】春天游园去西马塍，见到张将使元（耕轩），留在他家中吃酒。席间叫我写菊田赋诗，又画墨兰；张元非常高兴。喝了几杯酒后，就上了“菊煎”。

制法是：采菊苗，用开水烫过，加甘草水调山药粉，在油锅中煎成。非常有昔日诗意。张元对医药也很有研究，他也说菊花是紫茎的为正品。

胡麻酒

旧闻有胡麻③饭，未闻有胡麻酒。盛夏，张整斋（赖）招饮竹阁，正午各炊一巨觥，清风飒然，绝无暑气。

---

① 马塍（chéng）：地名。在杭州武林门外，有东西马塍，因吴越钱肃王畜马得名。宋时此地居民多以种花木为生，当时这一带有上花园、下花园之称。

② 楚畹（wǎn）：《楚辞》中屈原《离骚》有“余既滋兰之九畹兮”之句，此处引申为昔日诗意。

③ 胡麻：别名巨胜。今称“芝麻”。古人认为胡麻在八谷（黍、稷、稻、粱、禾、麻、菽、麦）之中最胜，故名巨胜。

其法：赎麻子二升，煮熟略炒，加生姜二两、龙脑薄荷一握，同入砂器细研，投以煮酒五升，滤渣去，水浸饮之，大有益。因赋之曰："何须更觅胡麻饭，六月清凉却是渠[①]。"

《本草》名"巨胜子"。桃源所饭[②]胡麻，即此物也。恐虚诞者自异其说云。

【译】从前只听说过有胡麻饭，没听说还有胡麻酒。在盛夏天，张整斋请我到竹阁喝这种酒，中午各饮了一大酒觥，只觉得一阵清凉，一点也没有热意。

胡麻酒的做法是：买二升胡麻，煮熟后略微炒炒，加上二两生姜、一把龙脑薄荷，一同放进砂器中研细，用来煮酒五升。煮好后，滤去酒中的渣，盛入酒器浸在冷水中降温后饮用，大有好处。因此，为它赋诗说："何须更觅胡麻饭，六月清凉却是渠。"

《本草》书上称"赎麻子"为"巨胜子"。桃源所吃的胡麻饭，就是这个东西。怕有人胡说八道，把它当成不同的东西，特地这样注明一下。

茶供

茶，即药也。煎服，则去滞而化食。以汤点之，则反滞膈而损脾胃。盖世之利者，多采叶杂为末，既又怠于煎煮，

① 渠：第三人称代词，他，它。

② 饭：这里指"吃"。

宜有害也。

今法，采芽或用碎萼，以活水，火煎之。饭后，必少顷乃服。东坡诗云：“活水须将活火烹[①]”，又云，“饭后茶瓯[②]未要深。”此煎法也。

陆羽经[③]，亦以江水为上，山与井俱次之。今世不唯不择水，且入盐及茶果，殊失正味。不知唯有葱去昏，梅去倦，如不昏不倦，亦何必用。古之嗜茶者，无如玉川子[④]，惟闻煎吃。如以汤点，则安能及也七碗乎？山谷词云：“汤响松风[⑤]，早减了七分酒病。”倘如此，则口不能言，心下快活，自省如禅参透。

【译】茶，就是药。煎茶吃，能去积食助消化。用水冲着喝，那就反而会滞膈而损弱脾胃。有的人，常采老叶混杂的茶末，又懒得煎煮，这样更加有害。

现在的方法是：采茶芽或者用它的碎萼，用活水在火上

① 指苏东坡在江苏宜兴写的一首《煎茶诗》：“活水还将活火烹，自临钓石汲深情；大瓢贮月归春瓮，小勺分江入夜瓶。茶雨已翻煎处脚，松风犹作泻时声；未能饱食禁三碗，卧听江城长短更。”当时，苏东坡自己设计了一种提梁式紫砂壶，烹茶审味，独自鉴赏，即所谓“松风竹炉，提壶相呼”，写了这首诗。活水：刚从流水中取来的水。活火：指猛火。

② 瓯（ōu）：盆盂一类大口浅底的陶器。此句意指饭后不宜多吃茶。

③ 陆羽经：陆羽所写的《茶经》。

④ 玉川子：唐代诗人卢仝，自号玉川子。此人好饮茶，有《茶歌》。句多寄警。曾经写有《谢孟谏议寄新茶》：“一碗喉吻润，二碗破孤闷，三碗搜枯肠，唯有文字五千卷，四碗发轻汗，平生不平事，尽向毛孔散，五碗肌骨清，六碗通仙灵，七碗吃不得也，唯觉两腋习习清风生。”

⑤ 汤响松风：指煮茶沸时的水响声。

煎煮。饭后，要稍等一会再饮服。东坡有诗介绍："活水须将活火烹"，又说"饭后茶瓯未要深。"这就是煎茶的方法。

陆羽在他的《茶经》中，也指出江水（活水）为上等用水，山水和井水都要次一等。现在有人不但不选择好水，而且还在茶中放盐和茶果，这就更失掉茶的正味。他不知道只有葱能去昏沉，梅能解疲倦，如果不昏不倦那又何必用茶呢。自古爱茶的人，没有人能比得上玉川子的，也只听说他是煎吃的。如果用水冲，那他怎能有吃到七碗之说呢？黄庭坚有词说："汤响松风，早减了七分酒病。"倘若也知道这个，即使口不能讲话，心里也会高兴，省察自己掌握了吃茶的诀窍。

新丰酒法

初用面一斗、糟醋三升、水二担煎浆。及沸，投以麻油、川椒、葱白。候熟，浸米一石，越三日蒸饭熟。及以元浆煎强半，及沸，去沫，又投以川椒及油，候熟注缸。面入斗许饭及面末十斤、酵半斤。既晓，以元饭贮别缸，却以元酵饭同下，入水二担、曲二斤，熟踏覆之。既晓，搅以木，摆越三日止四五日，可熟。

其初馀浆，又加以水浸米，每值酒熟，则取酵以相接续。不必灰其曲[①]，只磨麦和皮，用清水搜作饼，令坚如石。初无他药。仆尝从危巽斋子骖之新丰之故，知其详。

① 灰其曲：把曲磨碎。

危居此时，尝禁窃酵，以颛所酿；戒怀生粒，以金所酿，且给新屡以洁所；所酵诱客舟，以通所酿。故所酿日佳而不利不亏。是以知酒政之微，危亦究心矣。

昔人《丹阳道中》诗云：“乍造新丰酒，犹闻旧酒香，抱琴沽一醉，尽日卧斜阳。”正其地也[1]。沛中自有旧丰，马周独酌之地，乃长安效新丰[2]也。

【译】先用一斗面、三升糟醋、两担水煎浆。到浆滚开起来，放进麻油、川椒、葱白。等烧熟，用来浸一石米，浸三天后捞出蒸成饭。另将一大半元浆煎到沸开，去掉泡沫，再放进川椒和油，等烧熟倒入缸中。缸面放进一斗左右的饭和十斤面末、半斤酵母。到天亮，把其余的元饭贮到别的缸中，拌入这些放过酵母的元酵饭，再加两担水、两斤曲，踏匀盖起来。再到第二天天亮，用木棒搅拌一次，然后摆放三天到四五天，就可酿熟成酒。

起初剩下没用的元浆，加上水浸着米，每当酒酿熟，就

① 正其地也：这里指的是，现江苏镇江地区丹徒县的新丰。按：钱大昕《十驾斋养新录》卷十一：丹徒县有新丰镇。陆游《入蜀记》：“早发云阳，过夹冈，过新丰小憩。”李太白诗：“南国新丰酒，东山小妓歌。”又唐人诗：“再入新丰市，犹闻旧酒香。”皆谓此，非长安之新丰也。然长安之新丰亦有名酒，见王摩诘诗。

② 长安效新丰：《西京杂记》上载：汉高祖刘邦称帝后，他父亲“太上皇徙长安（西安），居深宫，悽怆不乐。高祖窃因左右问其故，以平生所好皆屠贩少年，酤酒卖饼，斗鸡蹴鞠，以此为欢。今皆无此，故以不乐。高祖乃作新丰，移诸故人实之，太上皇乃悦”。“高祖既作新丰，并移旧社。街巷栋宇，物色惟旧。士女老幼，相携路首，各知其室。放犬羊鸭于通途，亦竞识其家。”故称原沛中之地为旧丰，称仿旧丰在长安附近重建之地为新丰。

可取酵用来接上继续酿制，不必磨碎其曲，只磨麦和皮，用清水搜做饼，令坚如石，初无他药。我因为曾跟危巽斋子骖到过新丰，所以才知道得这样详细。

危巽斋住在这里时，曾禁私酿，以防粗制滥造，不许混杂夹生米，以提高酒质；而且每次新酿就要把用具收拾干净。这里的酒很诱人，大家都来买。因此，酒是越做越好，获利也大。从这里才知道酒政的细末，危巽斋也是费了心的。

从前有人写《丹阳道中》诗说："乍造新丰酒，犹闻旧酒香，抱琴沽一醉，尽日卧斜阳。"正是这个新丰。沛中原有一个旧丰，马周喝酒的地方，则是在长安依照旧丰另建的新丰。

闲情偶寄

（饮馔部）

〔清〕李　渔　撰

叶定国　注释

蔬菜第一

吾观人之一身，眼耳鼻舌，手足躯骸，件件都不可少。其尽可不设而必欲赋之，遂为万古生人之累者，独是口腹二物。口腹具，而生计繁矣；生计繁，而诈伪奸险之事出矣；诈伪奸险之事出，而五刑[1]不得不设。君不能施其爱育，亲不能遂其恩私，造物好生，而亦不能不逆行其志者，毕当日赋形不善，多此二物之累也。草木无口腹，未尝不生；山石土壤无饮食，未闻不长养。保事独异其形，而赋以口腹？即生口腹，亦当使如鱼虾之饮水，蜩螗[2]之吸露，尽可滋生气力，而为潜跃飞鸣。若是，则可与世无求，而生人之患熄矣。乃既生以口腹，又复多其嗜欲，使如溪壑之不可厌[3]；多其嗜欲，又复洞其底里，使如江海之不可填。以致人之一生，竭五官百骸之力，供一物之所耗而不足哉！吾反复推详，不能不于造物是咎。亦知造物于此，未尝不自悔其非，但以制定难移，只得终遂其过。甚矣！作法慎初，不可草草定制。

吾辑是编而谬及饮馔，亦是可已不已之事。其止崇俭啬不导奢靡者，因不得已而为造物饰非，亦当虑始计终，而为

① 五刑：古代刑罚的总称，各代所指的内容不同。如孔安国说周代的五刑是墨、劓（yì）、剕、宫、大辟；隋朝的五刑是笞（chī）、杖、徒、流、死。

② 蜩（tiáo）螗（táng）：蝉的别称。

③ 厌：同“餍（yàn）”。饮足的意思。

庶物[1]弭[2]患。如逞一己之聪明，导千万人之嗜欲，则匪特[3]禽兽昆虫无噍类[4]，吾虑风气所开，日甚一日，焉知不有易牙[5]复出，烹子求荣，杀婴儿以媚权奸[6]，如亡隋故事者哉！一误岂堪再误，吾不敢不以赋形造物视作覆车。

声音之道，丝[7]不如竹[8]，竹不如肉，为其渐近自然。吾谓饮食之道，脍[9]不如肉，肉不如蔬，亦以其渐近自然也。草衣木食，上古之风。人能疏远肥腻，食蔬蕨而甘之，腹中菜园，不使羊来踏破[10]，是犹作羲皇之民[11]，鼓唐虞[12]之腹，与崇尚古玩同一致也。所怪于世者，弃美名不居，而故异端其说，谓佛法如是，是则谬矣。吾辑《饮馔》一卷，后肉食而首蔬菜，一以崇俭，一以复古；至重宰割而生命，又其念

① 庶物：天下万物。

② 弭（mǐ）：消除。

③ 匪特：非特。作不仅仅解。

④ 噍（jiào）类：指能吃东西的动物。

⑤ 易牙：齐桓公宠臣，长于烹调，善逢迎，相传曾烹其子为羹以献桓公。

⑥ 杀婴儿以媚权奸：语出《唐人说荟·开河记》。隋炀帝时，陶榔兄弟把别人家的婴儿偷去杀死，蒸熟了献给当时的权贵麻叔谋吃。

⑦ 丝：指弦乐。

⑧ 竹：指管乐。

⑨ 脍：细切的肉。

⑩ 羊来踏破：语出《笑林》："有人常食蔬茹，忽食羊肉，梦五藏神曰：'羊踏破菜园'"。多用于讽刺得美食而致疾者。

⑪ 羲皇之民：指上古的人。羲皇指伏羲氏。

⑫ 唐虞：唐尧、虞舜。

兹在兹[1]，而不忍或忘者矣。

【译】我看人一身上下，眼耳鼻舌，手脚躯骸，样样都不可缺少。完全不必要有的，老天爷却硬让它生在人身上，于是成为万古以来人生的累赘，只有嘴巴和肚子这两样东西。有了嘴巴和肚子，生活的负担就加重了；生活的负担一加重，欺诈、虚伪、邪恶、阴险的事情就出现了；欺诈、虚伪、邪恶、阴险的事情一出现，就不得不设置五刑。结果便是，当国君的不能爱护他的臣民，做父母的不能实现对子女的庇护。造物者喜好生育万物，却不能不违背自己的意愿，这都是当日与人赋形不善，多了这两样累赘的结果。草木并没有嘴巴和肚子，可从来没有不生长的；山石土壤没有饮食，也没有听说不能生存的。为什么偏要给人类以不同的形体，而赋予他们以嘴巴和肚子呢？就是生长了嘴巴和肚子，也应当使它们像鱼虾那样饮水，像蝉那样吸露，这样也完全可以滋生气力而能够潜水、跳跃、飞翔和鸣唱。如果是这样，就可以与世无求，而人生的祸患也就可以消除了。人既然长了嘴巴和肚子，又有了很多的嗜好和欲望，好似沟壑难以填满；嗜好和欲望多了，更成了无底洞，好似江海无法填平。这样一来，使得人的一生，无论怎样竭尽五官百骸的力气，偌人给口腹的耗费，却总不能满足。我反复推敲思量，

---

① 念兹在兹：就是念念不忘的意思。语出《书·大禹谟》："念兹在兹，释兹在兹。"

认为这不能不归咎于造物者了。我也知道天地造物对于这件事，也未尝不后悔做错了，但事已如此，难以改变，只得将错就错了。这是多么令人遗憾呀！可见做事一开始就要谨慎，不可以草率决定。

我编辑这本书，荒谬到谈论饮食，也是可以不做而又不得不做的事情。这不仅是为了崇尚节俭，不使导致奢靡，为造物者掩饰过错，也是为了慎始善终，为天地万物消除祸患。如果仗着个人的聪明，去诱导千万人的嗜好和欲望，那么不仅飞禽、走兽、昆虫要绝种，而且我忧虑这样的风气一开，一天天严重起来，怎么知道就没有易牙这种人再出来烹子求荣；或者像陶榔儿杀死婴儿向权奸献媚，重演隋朝那样吃人的故事呢？一次错了，岂能再错？我不敢不把造物者赋予人的口腹嗜欲之害看作是前车之鉴。

音乐的道理，弦乐不如管乐，管乐不如人的歌喉，因为更近于自然的缘故。我认为饮食的道理也是这样，切细的肉不如没有切细的肉，没有切细的肉又不如蔬菜，也因为更近于自然的缘故。把草茅作衣服，以树果为食物，是上古人的风气。人能够疏远肥肉荤油，以吃蔬果野菜为甘美，使肚子中的那块菜园，不被羊肉的腥膻践踏破坏而致疾病，那就好像上古时候做了羲皇的子民，在尧舜盛世吃饱了肚子。这同爱好古玩有同样的意趣。我奇怪的是，世上有些人抛弃了美好名声而不顾，却发表一些异端的说法，说佛法就是这样的，这也太荒谬了。我编写《饮馔部》一卷，把肉食放在后面，而把蔬菜放在前面，一来是为了崇尚节俭，二来是为了恢复古风。至于不轻易屠宰以爱惜生灵，更是时刻记挂心头，不忍心偶然有所忘怀的啊！

笋

论蔬食之美者，曰清，曰洁，曰芳馥，曰松脆而已矣。不知其至美所在，能居肉食之上者，忝[①]在一字之鲜。《记》曰："甘受和，白受采。"鲜即甘之所从出也。此种供奉，惟山僧野老躬治园圃者，得以有之，城市之人向卖菜佣求活者，不得与焉。然他种蔬食，不论城市山林，凡宅旁有圃者，旋摘旋烹，亦能时有其乐。至于笋之一物，则断断在山林。城市所产者，任尔芳鲜，终是笋之剩义[②]。此蔬食中第一品也，肥羊嫩豕[③]，何足比肩[④]！但将笋肉齐烹，合盛一簋[⑤]，人止食笋而遗肉，则肉为鱼而笋为熊掌可知矣。购于市者且然，况山中之旋掘[⑥]者乎。

食笋之法多端，不能悉记，请以两言概之，曰："素宜白水，荤用肥猪。"茹斋者食笋，若以他物伴之，香油

① 忝（tiǎn）：这里作"仅仅"解。

② 剩义：不是第一等的风味。剩，多余。

③ 豕（shǐ）：指猪。

④ 比肩：并肩，犹言相等。

⑤ 簋（guǐ）：古代盛食物的器具，用青铜或陶制成。

⑥ 揭：掀去。此言掀土得笋。

和之，则陈味夺鲜，而笋之真趣没矣。白者俟[①]熟，略加酱油。从来至美之物，皆利于孤行[②]，此类是也。以之伴荤，则牛羊鸡鸭等物，毕非所宜；独宜于豕，又独宜于肥。肥非欲其腻也，肉之肥者能甘，甘味入笋，则不见其甘，但觉其鲜之至也。烹之既熟，肥肉尽去之，即汁亦不宜多存，存其半而益以清汤。调和之物，惟醋与酒。此制荤笋之大凡也。

笋之为物，不止孤行，并用各见其美。凡食物中无论荤素，皆当用作调和。菜中之笋，与药中之甘草，同是必需之物。有此则诸味皆鲜，但不当用其渣滓，而用其精液。庖人之善治具者，凡有焯笋之汤，悉留不去。每作一馔，必以和之，食者但知他物之鲜，而不知有所以鲜之者在也。

《本草》中所载诸食物，益人者不尽可口，可口者未必益人。求能两擅其长者，莫过于此。东坡云："宁可食无肉，不可居无竹。无肉令人瘦，无竹令人俗。"不知能医俗者，亦能医瘦，但有已成竹未成竹之分耳。

【译】说到蔬食的美，无非是说清淡，说干净，说芳香，说松脆罢了，却不知道最美的所在，能居于肉食之上的，仅仅在一个"鲜"字。《礼记》上说："甘美的东西容易调味，洁白的东西容易着色。"鲜味就是从甘美中产生出来的。这种享受，只有亲自打理菜园的山僧野老才能得到。

---

① 俟（sì）：等待。

② 孤行：单独用。

只能向菜贩买菜的城里人，是得不到的。其他的蔬菜，不论住在城市、山村，只要是住宅旁有菜园的人，边摘边烹调，也能不时享受到这种乐趣。只有笋这种食物，则只能是生长在山林中的，城市里面所出产的，任凭有多么芳鲜，终究是笋的下品了。笋是蔬食中的第一品，肥羊、嫩猪怎么能和它相比！只要将笋和肉一齐烹调，盛在一个食器里，人们只吃笋而剩下肉，由此可知，肉是鱼肉，而笋是熊掌啊。从城市中买到的笋尚且能够这样，何况那山中刚刚出土的呢！

吃笋的方法多种多样，不能全都写下来，让我用两句话来概括，是说："素食适宜于用白水，荤食适宜于肥猪肉。"吃斋的人吃笋，如果用别的食物相伴，香油调和，那么陈味就会夺去鲜味，吃笋的真正乐趣就没有了。用白水煮熟后，稍加些酱油即可。从来最美的食物，都宜于单独烹制，笋就是这种类型的食物。拿笋配合荤菜烹制牛、羊、鸡、鸭等物，都不适宜，适宜的只有猪肉，特别是肥猪肉。肥不是要让它油腻，而是肥肉能使菜味甘美，甘味进到笋里，就觉不出它的甘，而只觉得它鲜美之极。烹调熟了，把肥肉全部去掉，就是肉汁也不适于多留，留一半然后加上清汤就行了。调和的物品，只要用醋和酒就够了。做荤笋的方法主要就是如此。

笋做菜肴，不只是独用，并用也各有它的特点。所有食物中无论荤素，都可用笋做调和。蔬菜中的笋，同药中的甘草一样，都是必需的物品。有了笋，无论什么菜肴都会鲜起来。只是不应当用它的渣滓，而应当用它的汤汁。厨师中善于做菜的人，只要是烧笋的汤，都留下来，不倒掉。每做一款馔肴，一定用它来掺和。吃的人只知别的东西鲜，可是不知道有使它变鲜的东西在里面啊。

《本草》中所记载的多种食物，对人有益的不都可口，可口的却未必有益于人。既有益于人而又可口的，没有比笋更好的了。苏东坡说："宁可食无肉，不可居无竹。无肉令人瘦，无竹令人俗。"也不知道医俗的东西，也能医瘦，只不过是有已经长成竹和没有长成竹的分别罢了。

蕈①

求至鲜至美之物，于笋之外，其惟蕈乎！蕈之为物也，无根无蒂，忽然而生，盖山川草木之气结而成形者也，然有形而无体。凡物有体者必有渣滓，既无渣滓，是无体也。无体之物，犹未离乎气也。食此物者，犹吸山川草木之气，未有不益于人者也。其有毒而能杀人者，《本草》云"以蛇虫行之故"。予曰不然。蕈大几何，蛇虫能行其上？况又极弱极脆而不能载乎！盖也之下有蛇虫，蕈生其上，适为毒气所钟②，故能害人。毒气所钟者能害人，则清虚之气所钟者，其能益人可知矣。世人辨之原有法，苟非有毒，食之最宜。

---

① 蕈（xùn）：俗称菌子。伞菌一类的植物。无毒的可供食用。如香菇、蘑菇等。

② 钟：汇聚。

此物素食固佳，伴以少许荤食尤佳，盖蕈之清香有限，而汁之鲜味无穷。

【译】欲求最鲜最美的食物，在笋之外，恐怕只有菌子了！菌子这种东西，没有根没有蒂，忽然地生出来，它是靠着山川草木之气凝结而成的呀，然而它却是只有外形而没有躯干。凡是物品中有躯干的东西一定有渣滓，既然没有渣滓，就不需要躯干了。没有躯干的物品，就还没有离开气的状态。吃这种食物，就像吸取山川草木之气，没有不对人有益的。有些有毒而能杀人性命的菌子，据《本草》说是“因为蛇虫爬行过的缘故”。我却认为不是这样。菌子才有多大，蛇虫怎能在它的上面爬行呢？何况它非常的脆弱，根本就负载不起呢！它之所以会有毒，是因为地底下有蛇虫，菌子长在它们的上面，就是恰好为毒气所聚积，所以能伤害人。毒气所聚积的能伤害人，那么清虚之气所聚积的，能够有多益于人就可以知道了。世人辨别有毒无毒本来就有办法，如果没有毒，吃起来最为适宜。菌子这种东西素食固然很好，用少许荤食拌食就更好了，这是因为菌子的清香有限，可是它的汁却是鲜味无穷的。

莼[①]

陆之蕈，水之莼，皆清虚物也。予尝以二物作羹，和以

① 莼（chún）：即莼菜。水生宿根草本，叶子椭圆形，浮生在水面，开暗红色的小花。茎和叶表面都有黏液，可以做汤吃。

蟹之黄、鱼之肋，名曰“四美羹”。座客食而甘之曰：“今而后，无下箸处矣。”

【译】生在陆上的菌子，长在水中的莼菜，都是清淡而不腻滞的食物。我曾经用这两种食物做成羹汤，再加上蟹黄和鲜鱼肚皮肉，取名叫“四美羹”。座上客人吃了，都赞赏说：“从今食之以后，就没有可以下筷子的地方了！”

菜

世人制菜之法，可称百怪千奇。自新鲜以至于腌糟酱醋，无一不曲尽奇能，务求至美，独于起根发轫[1]之事缺焉不讲。予甚惑之。其事维何？有八字诀云：“摘之务鲜，洗之务净。”务鲜之论，已悉前篇。蔬食之最净者，曰笋，曰蕈，曰豆芽；其最秽者，则莫如家种之菜。灌肥之际，必连根叶而浇之，随浇随摘，随摘随食，其间清浊多有不可问者。洗菜之人，不过浸入水中，左右数漉[2]，其事毕矣。孰知污秽之湿者可去，干者难去，日积月累之粪，岂顷刻数漉之所能尽哉？故洗菜务得其法，并须务得其人。以懒人、性急之人洗菜，犹之乎弗洗也。洗菜之法，入水宜久，久者干者浸透而易去。洗叶用刷，刷则高低曲折处皆可到，始能涤尽无遗。若是，则菜之本质净矣，本质净而后可以作料，可尽人工。不然，是先以污秽作调和，虽有百和之香，能敌一

① 发轫（rèn）：启程之意，比喻事情的开端。

② 漉（lù）：洗，滤过。

星之臭乎？噫！富室大家食指繁盛者，欲保其不食污秽，难矣哉！

菜类甚多，其杰出者则数黄芽[①]。此菜萃[②]于京师，而产于安肃[③]，谓之安肃菜。此第一品也。每株大者可数斤，食之可忘肉味。不得已而思其次，其惟白下[④]之水芹乎！予自移居白门，每食菜，食葡萄，辄思都门，食笋，食鸡豆，辄思武陵[⑤]。物之美者，犹令人每食不忘，况为适馆授餐[⑥]之人乎！

菜有色相最奇，而为《本草》《食物志》诸书之所不载者，则西秦所产之头发菜是也。予为秦客，传食于塞上诸侯。一日，脂车[⑦]将发，见炕上有物，俨然乱发一卷。谬谓婢子栉[⑧]发所遗，将欲委之而去。婢子曰："不然，群公所饷之物也。"询之土人，知为头发菜。浸以滚水，拌以姜醋，其可口倍于藕丝、鹿角等菜。携归饷客，无不奇之，谓

---

① 黄芽：大白菜。

② 萃（cuì）：聚集。

③ 安肃：旧县名。即今河北省徐水县。

④ 白下：南京旧称，下句"白门"亦是。

⑤ 武陵：旧县名。公元 1913 年改为常德（今湖南省）。

⑥ 适馆授餐：《诗·郑风·缁衣》："适子之馆兮，还，予授子之粲兮。"粲（càn），同餐。谓款留宾客，供给膳食。

⑦ 脂车：《诗·小雅·何人斯》："尔之亟（jí）行，遑（huáng）脂尔车。"谓乘车出发前给车轴上油。

⑧ 栉（zhì）：指头发。

珍错中所未见。此物产于河西，为值甚贱，凡适秦者皆争购异物，因其贱也而忽之。故此物不至通都，见者绝少。由是观之，四方贱物之中，其可贵者不知凡几，焉得人人物色之？发菜之得至江南，亦千载一时之至幸也。

【译】世人做菜的方法，可说是千奇百怪。从求新鲜以至于盐腌、酒糟、酱渍、醋浸，没有一样不想方设法达到巧妙之能事，总希望得到最完美的结果，惟独对如何开始第一步的方法缺而不讲。我对这件事感到大惑不解。那么做菜第一步的方法是什么呢？有八个字的歌诀说："摘之务鲜，洗之务净。"关于"务鲜"的说法，前面已经谈过。蔬食中最干净的，要数笋、菌子、豆芽；最脏的，就数家里种的蔬菜了。种菜施肥的时候，一般是连根带叶一起浇肥，随浇随摘，采摘下来就准备食用，这样是干净还是不干净，是不问而知的了。洗菜的人，又不过将菜浸泡在水中，左右淘洗几次，就算完事。哪里知道湿的脏东西可以去掉，干的脏东西却难以去掉，日积月累留在菜上的粪污，怎么可能在短时间内经过几次淘洗就完全洗干净呢？所以洗菜一定要得法，还一定要得人。让懒人、性急的人去洗菜，就跟没有洗是一样的。洗菜的方法，浸在水中的时间要长一些，这样干燥的污物方能浸透，浸透了才容易去掉。洗菜叶最好用刷子，用刷子刷，高低曲折的地方都可以洗到，方能将菜全部洗干净。这样做，菜就从根本上洗干净了。洗干净了的菜就可以作原材料，让人们去发挥烹饪的技巧了。否则，凡是先用污物当料调和的，即使有百种作料的香味，怎么能压得住一星半点的臭味呢？唉！富贵的大户人家，吃饭的人众多，想保证不吃污秽的菜，是很难的啊！

菜的种类很多，其中最杰出的要数黄芽。这种菜多见于京都，而出产于安肃，所以称它为安肃菜，这是菜中的一等品。每棵大的黄芽可以达到几斤，吃了可以忘掉肉的味道。如果不得已而求其次，那就只有南京的水芹了。我自从迁居到南京以后，每次吃菜、吃葡萄时，就常常思念起都门来；吃笋、吃鸡和豆子时，就会思念起武陵来。食物中的美菜，令人每吃一次都不会忘记，何况曾经常请我去做客并款以佳肴的人呢！

菜里面有一种颜色长相极奇特，而为《本草》《食物志》许多书所不记载的，就是西秦所出产的头发菜。我曾经到秦地去做客，到边塞的显贵人家挨家赴宴。一天，正准备好车子即将出发，看见炕头上有件东西，简直就是一卷乱头发。我误认为是婢女梳头时落下来的，想要把它扔掉。婢女说："不是！这是大人们赠送的礼物啊。"请教了当地人，才知道是头发菜。拿滚开水浸泡，拌上姜醋，那种鲜美可口的味道要远胜于藕丝、鹿角等菜。带回家款待客人，没有不以它为奇异的，都认为是珍贵食品中所没有见过的菜。这种菜出产在河西，很便宜，凡是到秦地去的人都争着购买奇珍异宝，因为头发菜价格便宜大家便把它忽视了，所以这种菜到不了大都市，见到的人非常少。由此看来，四面八方价钱便宜的物品中，珍贵的不知道还有多少，怎么可能使人人去发现它们呢！头发菜能传到江南，也是千载一时的大幸运啊！

瓜、茄、瓠、芋、山药

瓜、茄、瓠、芋诸物，菜之结而为实者也。实则不止当菜，兼作饭矣。增一簋菜，可省数合[①]粮者，诸物是也。一事两用，何俭如之。贫家购此，同于籴[②]粟。但食之各有其法：煮东瓜[③]、丝瓜，忌太生；煮王瓜、甜瓜，忌太熟；煮茄、瓠，利用酱醋而不宜于盐；煮芋，不可无物伴之，盖芋之本身无味，借他物以成其味者也；山药则孤行并用，无所不宜，并油盐酱醋不设，亦能自呈其美，乃蔬食中之通材也。

【译】瓜、茄、瓠、芋等物品，是蔬菜所结的果实。其实不仅可当作菜，也可当饭吃。添一簋菜，可以省掉好几合粮食，这些食物就是这样。一事两用，没有比这更节俭的了。贫穷人家购买这类菜，如同买进了粮食。不过，食用它们各有不同的方法：煮冬瓜、丝瓜，忌太生；煮王瓜、甜瓜，忌太熟；煮茄子、瓠子，最好用酱醋而不要用盐；煮芋头，不能没有别的物品拌和它，因为芋头本身没有味道，要借助别的物品形成它的味道；山药则独用或并用，没有不适

① 合（gě）：容量单位，十合为一升。

② 籴（dí）：买进粮食。

③ 东瓜：冬瓜。

宜的，连油盐酱醋都可以不加，也能显出它本身的美味来，乃是蔬菜食品中无所不宜的通材呀。

葱、蒜、韭

葱、蒜、韭三物，菜味之至重者也。菜能芬人齿颊者，香椿头是也；菜能秽人齿颊及肠胃者，葱、蒜、韭是也。椿头明知其香而食者颇少，葱、蒜、韭尽识其臭而嗜之者众，其故何欤？以椿头之味虽香而淡，不若葱、蒜、韭之气甚而浓。浓则为时所争尚，甘受其秽则不辞；淡则为世所共遗，自荐其香而弗受。吾于饮食一道，悟善身处世之难，一生绝三物不食，亦未尝多食香椿，殆所谓夷、惠[①]之间者乎！

予待三物有差：蒜，则永禁弗食；葱，虽弗食，然亦听作调和；韭，则禁其终而不禁其始，芽之初，非特不臭，且具清香，是其孩提之心之未变也。

【译】葱、蒜、韭三样菜，是蔬菜中气味最浓烈的。能够令人齿颊芬芳的菜，是香椿头；能够使人满口及肠胃发出秽气的菜，是葱、蒜、韭。人们明知香椿头有香味，可是食用的人却很少；都知道葱、蒜、韭有臭气，可是爱吃的人却很多，这是什么缘故呢？因为香椿头的味道虽然芳香，却很平淡，不如葱、蒜、韭的味道重且浓烈。气味浓就为世俗的人们所争相爱好，甘愿忍受它的秽气而不嫌弃；味道平淡就被世人遗忘了，自己献出芳香，人们也不接受。我从饮食这

---

① 夷、惠：指春秋时的伯夷和柳下惠，古代认为他们两人都是清高廉洁之士。

件事中，领悟到了洁身自好、为人处世的艰难，我平生断绝这三种东西不食，也不多食用香椿头，大概是人们所说的处于伯夷和柳下惠之间的状态吧！

我对这三样东西是区别对待的：蒜，我是绝对不吃；葱，虽然不吃，但允许用作调和之物；韭，我不吃老的但吃嫩的，刚长出的韭菜芽，不但不臭，而且具有清香味，这许是它的童心犹在，尚未改变吧。

萝卜

生萝卜切丝作小菜，伴以醋及他物，用之下粥最宜。但恨其食后打嗳[①]，嗳必秽气。予尝受此厄于人，知人之厌我，亦若是也。故亦欲绝而弗食。然见此物大异葱蒜，生则臭，熟则不臭，是与初见似小人面卒为君子等也。虽有微过，亦当恕之，仍食勿禁。

【译】生萝卜切丝做成小菜，以醋或别的东西调拌，用它下粥最适宜。只恨它吃完后爱打嗝儿，打嗝儿必定带出难闻的气味。我曾经因为别人打嗝儿感到难受，知道人家讨厌我打嗝儿，也是一样的，所以我也想断绝不吃。但又发觉这种食物同葱蒜究竟大不相同，生吃就臭，熟吃就不臭，这跟初见面时好像小人可后来却发现是君子的情况是一样的。虽然有小缺点，也应当宽恕，所以我仍然食用而没有禁止它。

① 打嗳（ǎi）：打嗝儿。胃里的气从嘴里出来，并发出声音。

芥辣汁

菜有具姜桂之性者乎？曰有，辣芥是也。制辣汁之芥子，陈者绝佳，所谓愈老愈辣是也。以此拌物，无物不佳。食之者如遇正人，如闻谠论[①]，困者为之起倦，闷者以之豁襟[②]。食中之爽味也！予每食必备，窃比于夫子之“不撤姜”云。

【译】蔬菜中有同时具备生姜和桂皮的特性的吗？我说有，就是辣芥。制造辣汁的芥子，以放得陈久的最为佳妙，这就是人们所说的“愈老愈辣”。用它来拌食物，没有不佳妙的。食用它的人，就像遇到了正直的人，就像听到了正直的言论，困倦的人吃了会忘倦奋起，郁闷的人可以用它来开豁胸襟。它是食品中开味的东西啊！我每次吃饭一定要有，而且私下常拿孔夫子每饭都“不撤姜”来作比。

① 谠（dǎng）论：正直的言论。

② 襟：胸襟。

谷食第二

食之养人，全赖五谷。使天止生五谷而不产他物，则人身之肥而寿也，较此必有过焉，保无疾病相煎、寿夭[①]不齐之患矣。试观鸟之啄粟，鱼之饮水，皆只靠一物为生，未闻于一物之外，又有为之肴馔酒浆、诸饮杂食者也。乃禽鱼之死，皆死于人，未闻有疾病而死，及天年自尽而死者。是止食一物，乃长生久说[②]之道也。人则不幸而为精腆[③]所误，多食一物，多受一物之损伤；少静一时，少安一时之澹泊。其疾病之生，死亡之速，皆饮食太繁、嗜欲过度之所致也。也非人之自误，天误之耳。天地生物之初，亦不料其如是；原欲利人口腹，孰意利之反以害之哉！然则人欲自爱其生者，即不能止食一物，亦当稍存其意，而以一物为君；使酒肉虽多，不胜食气，即使为害，当亦不甚烈耳。

【译】食物养人，全靠五谷。假使自然只生长五谷而不出产别的食物，那么人的长寿和身体的强壮，比起现在来一定会超过，保证不受疾病煎熬和寿夭不齐的忧患了。试观察鸟雀啄粟，鱼儿饮水，都只靠一种食物为生，没有听说在一种食物之外，又要准备下肴馔酒浆及其他各种食物的。就

① 夭：早死，短命。

② 说：同“悦”。

③ 腆（tiǎn）：丰厚，美好。

是禽鸟和鱼类的死，也都是死在人的手里，没有听说它们因为得了疾病而死的，还有就是自然老死的。这是只吃一种食物，而获得长生、终生愉悦的道理。人却不幸被精细而丰厚的食物所害，多吃一种食物，就多受一种食物的损伤；少得到一时的安静，就少享受到一时的淡泊之乐。人的疾病的发生，死亡的加速，都是由于饮食太繁、嗜欲过度所造成的。这不是人故意自己害自己，而是天然本性害人罢了。天地生育万物的当初，也没有料到这一点；原来想造福人的嘴巴和肚子，谁想到造福反而成了危害呢！那么人想要爱惜自己的生命，即使是不能只吃一种食物，也应当保留一点这种意念，以一种食物为主；这样即使酒肉很多，难以受用，虽有危害，也不会很严重了。

粥、饭

粥、饭二物，为家常日用之需。其中机彀[1]，无人不晓，焉用越俎[2]者强为致词？然有吃紧二语，巧妇知之而不能言者，不妨代为喝破，使姑传之媳，母传之女，以两言代千百言，亦简便利人之事也。先就粗者言之：饭之大病，在内生外熟，非烂即焦；粥之大病，在上清下淀，如糊如膏。

---

① 机彀（gòu）：奥妙；道理。

② 越俎：成语“越俎代庖”出自《庄子·逍遥游》：“庖人虽不治庖，尸祝不越樽俎而代之矣！”厨子即使不做饭，管祭祀的人也不能越过自己的职守，放下祭器代替厨子去做饭。比喻超出自己业务范围去处理别人所管的事。

此火候不均之故，惟最拙最笨者有之。稍能炊爨[1]者，必无是事。然亦有刚柔合道，燥湿得宜，而令人咀之嚼之，有粥饭之美形，无饮食之至味者，其病何在？曰：挹[2]水无度，增减不常之为害也。其吃紧二语，则曰：“粥水忌增，饭水忌减。”米用几何，则水用几何，宜有一定之度数。如医人用药，水一钟或钟半，煎至七分或八分，皆有定数；若以意为增减，则非药味不出，即药性不存，而服之无效矣。不善执爨者，用水不均，煮粥常患其少，煮饭常苦其多；多则逼而去之，少则增而入之。不知米之精液，全在于水，逼去饭汤者，非去饭汤，去饭之精液也。精液去，则饭为渣滓，食之尚有味乎？粥之既熟，水米成交，犹米之酿而为酒矣。虑其太厚而入之以水，非入水于粥，犹入水于酒也。水入而酒成糟粕，其味尚可咀乎？故善主中馈者，挹水时必限以数，使其勺不能增，滴无可减，再加以火候调匀，则其为粥为饭，不求异而异乎人矣。

宴客者有时用饭，必较家常所食者为稍精。精用何法？曰：使之有香而已矣。予尝授意小妇，预设花露一盏，俟饭之初熟而浇之，浇过稍闭，拌匀，而后入碗。食者归功于谷米，诧为异种而讯之，不知其为寻常五谷也。此法秘之已久，今始告人。行此法者，不必满釜浇遍，遍则费露甚多，

---

① 爨（cuàn）：烧火煮饭。

② 挹（yì）：舀，盛。

而此法不行于世矣。止以一盏浇一隅，足供佳客所需而止。露以蔷薇、香橼[①]、桂花三种为上，勿用玫瑰，以玫瑰之香，食者易辨，知非谷性所有。蔷薇、香橼、桂花三种，与谷性之香者相若，使人难辨，故用之。

【译】粥、饭这两种食物，是人们家常日用的必需品。其中的道理，没有人不知道，哪里用得着我来越俎代庖，硬来插嘴呢？可是两句最要紧的话，巧妇知道却不能说明白，我不防代她们道破，使婆婆传给媳妇，母亲传给女儿。用两句话代替千言万语，也是既简便又有利于人的事啊。先粗略地说一下：饭最大的毛病就是里面生，外面熟，不是煮烂了，就是烧焦了；粥最大的毛病，就是上面是清水，下面是沉淀，像糨糊、脂膏一样。这都是火候不均匀造成的，只有最笨拙的人才会这样。稍微会烧火做饭的人，一定不会发生这类事情。可是也有硬软合适，稠稀得当，但咀嚼起来，令人感到虽有粥饭美好的外形，却没有饮食的美味的，这个毛病出在什么地方呢？答曰：这是注水没有标准，随意加减所造成的毛病。用两句最要紧的话说就是："煮粥怕临时加水，煮饭怕临时减水。"用多少米，就用多少水，应该有一定的标准。譬如医生用药，加水一杯或者是一杯半，煎到七分开或者八分开，这都有一定的标准；如果随便加水或减水，那么不仅药味煎不出来，就是药性也不存在，病人服

① 香橼：枸橼，常绿乔木，初夏开花，白色。果实有香气，味酸。

用也就没有效果了。不善于烧火做饭的人，用水不均匀，煮粥常常担心水少，煮饭常常苦恼水多；水多了只得滗出来，水少了又加进去。岂不知米的精华，全都在水里面，滗去了米汤，不能看成是去掉了米汤，而是去掉了饭里面的精华。精华既然去掉，饭就成了渣滓，吃起来还能有味道吗？粥熬熟以后，水和米交融一体，就好像米酿成了酒。如果嫌粥太浓稠而加水进去，这不是加水到粥里面，倒好像把水加进了酒一样。水加进以后，酒就变成了糟粕，它的味道还有可品尝的吗？所以善于主持饮食的人，注水必定掌握有一定的标准，一汤匙水也不能增加，一滴水也不可减少，再加上反火候调均匀，那么这样做成的粥和饭，不求与众不同却自然地与众不同。

宴请客人有时要用饭，一定比家常吃的饭要做得稍微精致些。做精致要用什么办法呢？答曰：使饭有香味就行了。我曾经授意佣妇，预先准备好鲜花露一盏，等饭刚熟时浇上，再稍微焖一下，拌匀然后盛到碗里。吃饭的人认为香味是由于做饭的米好，感到意外而打听是什么不凡品种，却不知道它就是平常的五谷啊。这种方式我隐藏了很久，现在才告诉大家。采用这种方法做饭时，不一定满锅都浇遍，浇遍了就要用很多的花露，这种方法就不会被世人采用了。只要用一盏浇一个角落，足够供给佳客需要就行了。花露用蔷薇、香橼、桂花三种为最好，不要用玫瑰，因为玫瑰的香味，吃的人容易分辨出来，知道它不是谷物本来具有的。蔷薇、香橼、桂花三种，同谷物本来所具有的香味很相像，使人难以分辨出来，所以采用它们。

汤

汤即羹之别名也。羹之为名，雅而近古；不曰羹而曰汤者，虑人古雅其名，而即郑重其实，似专为宴客而设者。然不知羹之为物，与饭相俱者也。有饭即应有羹，无羹则饭不能下。设羹以下饭，乃图省俭之法，非尚奢靡之法也。古人饮酒，即有下酒之物；食饭，即有下饭之物。世俗改下饭为“厦饭”，谬矣。前人以读史为下酒物，岂下酒之“下”亦从“厦”乎？“下饭”二字，人谓指肴馔而言，予曰不然。肴馔乃滞饭之具，非下饭之具也，食饭之人，见美馔在前，匕箸迟疑而下，非滞饭之具而何？饭犹舟也，羹犹水也；舟之在滩非水不下，与饭之在喉非汤不下，其势一也。且养生之法，食贵能消，饭得羹而即消，其理易见。故善养生者，吃饭不可无羹；善作家者，吃饭亦不可无羹。宴客而为省馔计者，不可无羹；即宴客而欲其果腹始去，一馔不留者，亦不可无羹。何也？羹能下饭，亦能下馔故也。近来吴越张筵，每馔必注以汤，大得此法。吾谓家常自膳，亦莫妙于此。宁可食无馔，不可饭无汤。有汤下饭，即小菜不设，亦可使哺[1]啜[2]如流；无汤下饭，即美味盈前，亦有时食不下咽。予以一赤贫之士，而养半百口之家，有饥时而无馑日者，遵是道也。

【译】汤即是羹的别名。羹这个名称，文雅而近于古气；不称羹而称汤，是怕人们看到这种古雅的名称，就郑重其事地讲究它的实物，好像只是专门为宴请宾客才设似的。可是人们不知道羹这种食物，是和饭一块食用的。有饭就应该有羹，没有羹那么饭就吃不下。备下羹是为了用它下饭，这是图省俭的方法，而不是崇尚奢华的方法。古人饮酒，就要准备下酒的食物；吃饭，就要准备下饭的食物。世俗的人们改下饭为“厦饭”，这就错了。前人以读史书作为下酒物，难道下酒的“下”字也应作“厦”字吗？“下饭”这两个字，人们认为是指菜肴而言，我认为不是这样。菜肴乃是滞饭的东西，而不是下饭的东西。吃饭的人，看见美味佳肴在前，汤匙、筷子就迟疑而不肯下，只想吃菜，不想吃饭，这不是滞饭又是什么？饭好比是船，羹好比是水；船搁在沙滩上没有水就下不去，这同饭在喉咙里没有汤就咽不下的道理完全是一样的。况且从养生的道理看，吃下的食物贵在能够消化，饭借助于羹则可以立即消化，这个道理是显而易见的。所以善于养生的人，吃饭时不能没有羹；善于操作家务

---

① 哺：口里所含的食物。

② 啜（chuò）：饮，吃。

的人，吃饭也不能没有羹。宴请宾客为节省菜肴考虑的人，也不能没羹；就是宴请客人想让客人吃饱喝足才散去，一样菜不留下的人，也不能没有羹。这是什么原因呢？这是因为羹能下饭，也能下菜的缘故。近来江浙地方摆设筵席，每一样菜肴一定加些汤，就是得益于这种方法。我认为家常自做菜肴，也没有比这种方法更妙的了。宁可吃饭没有肴馔，也不可没有汤。有汤下饭，即使不设小菜，也能使人吃喝起来像流水一样；没有汤下饭，即使是美味佳肴摆满面前，吃的人有时也食不下咽。我凭着一个赤贫的读书人，却能够养活半百人口的家庭，有时挨饿却还不至于无食可吃，就是因为遵循了这个办法啊。

糕饼

谷食之有糕饼，犹肉食之有脯脍。《鲁论》[①]云："食不厌粮，脍不厌细。"制糕饼者，于此二句，当兼而有之。食之精者，米麦是也；脍之细也，粉面是也。精细兼长，始可论及工拙。求工之法，坊刻所载甚详。予使拾而言之，以作制饼制糕之印板，则观者必大笑曰："笠翁不拾唾馀，今于饮食之中，现增一副依样画葫芦矣。"冯妇[②]下车，请戒

---

① 《鲁论》：汉代今文本《论语》之一。相传系鲁人所传，故名。

② 冯妇：人名。语出《孟子·尽心下》："晋人有冯妇者，善搏虎，卒为善，士则之。野有众逐虎，虎负嵎（yú），莫之敢撄（yīng），望见冯妇，趋而迎之，冯妇攘（rǎng）臂下车，众皆悦之，其为士者笑之。"赵岐注："其士之党笑其不知止也。"后来将重操旧业的人为"冯妇"。

其始，只用二语括之曰：糕贵乎松，饼利于薄。

【译】谷食中有糕饼，就像肉食中有熟肉干和细肉丝。《论语》上说："粮食不嫌舂得精，肉丝不嫌切得细。"制作糕饼，对于这两句话，应当兼而有之。粮食中最精的是米麦，最细的是粉面。兼有精和细的长处，才能谈到做得精巧不精巧。讲究做得精巧的方法，书店卖的书本上都说得很详细了。我假若捡起来谈一通，就成了制糕做饼的刻板文章了，那么读者一定会哈哈大笑说："笠翁一向不捡拾别人的牙慧，今天却在谈饮食的书中，增加一篇依样画葫芦的文章了。"想到冯妇下车的典故，一开始就要以此为戒，只用两句话概括制作糕饼的方法："糕要做得松，饼要做得薄。"

面

南人饭米，北人饭面，常也。《本草》云："米能养脾，麦能补心。"各有所裨[1]于人者也。然使竟日穷年，止食一物，亦何其胶柱[2]口腹，而不肯兼爱心脾乎！予南人而北相，性之刚直似之，食之强横亦似之。一日三餐，二米一面，是酌南北之中，而善处心脾之道也。但其食面之法，小异于北，而且大异于南。北人食面多做饼，予喜条分而缕析之，南人之所谓"切面"是也。南人食切面，其油盐酱醋等

---

① 裨（bì）：增添，补助。

② 胶柱：语出《史记·赵奢传》："蔺相如曰：'王以名使括，若胶柱而鼓瑟耳。'"柱，琴瑟上调弦的短木。柱被粘死，就不能调整音高了。指不从实际出发，只知墨守成规。

佐料，皆下于面汤之中。汤有味而面无味，是人之所重者，不在面而在汤，与未尝食面等也。予则不然，以调和诸物尽归于面，面具五味而汤独清。如此方是食面，非饮汤也。所制面目有二种：一曰五香面，一曰八珍面。五香膳己，八珍饷客，略分丰俭于其间。五香者何？酱也，醋也，椒末也，芝麻屑也，焯笋或煮蕈、煮虾之鲜汁也。先以椒末、芝麻屑二物拌入面中，后以酱、醋及鲜汁三物和为一处，即充拌面之水，勿再用水。拌宜极匀，擀宜极薄，切宜极细。然后以滚水下之，则精粹之物尽在面中，尽句咀嚼；不似寻常吃面者，面则直吞下肚，止咀咂其汤也。八珍者何？鸡、鱼、虾三物之肉，酒[1]使极干，与鲜笋、香蕈、芝麻、花椒四物，共成极细之末，和入面中，与鲜汁共为八种。酱醋亦用而不列数内者，以家常日用之物，不得名之以珍也。鸡鱼之肉，务取极精，稍带肥腻者弗用，以面性见油即散，擀不成片，切不成丝故也。但观制饼饵者，欲其松而不实，即拌以油，则面之为性可知已。鲜汁不用煮肉之汤，而用笋蕈虾汁者，亦以忌油故耳。所用之肉，鸡鱼虾三者之中，惟虾最便，屑米为面，势如反掌，多存其末，以备不时之需。即膳已之五味，亦未尝不可六也。拌面之汁加鸡蛋清一二盏更宜。此物不列于前，而附于后者，以世人知用者多，列之又同剿袭耳。

① 酒：疑为“晒”。

【译】南方人吃米饭，北方人吃面食，这是通常的习惯。《本草》上说："米能养脾，麦能补心。"是说它们对人各有裨补。但是竟日穷年，只吃一种食物，那就是对自己的嘴巴和肚子墨守成规，不肯兼爱自己的心脾啊！

我是南方人却具有北方人的样子，性格刚直像北方人，吃饭时的豪放恣纵也像北方人。一天三餐，两餐米饭，一餐面食，这是我斟酌折中南北习惯，善于考虑心脾两方面需要的方法。不过我吃面食的方法，同北方人稍有不同，同南方人则大不相同。北方人吃面食多做成饼子，我却喜欢条分缕析做成南方人所说的"切面"。南方人吃切面，把油盐酱醋等作料，都下到汤里面。汤有味面却无味，这是因为吃面的人重在汤而不在面，这样等于没有吃面。我却不是这样，是把做调味用的各种作料全部放到面里，使面具有五味，唯独汤是清的。采用这样的方法是为了吃面，不是为了喝汤。

制作面条的名目有两种：一种叫五香面，另一种叫八珍面。五香面自己吃，八珍面招待客人，略有丰俭的分别。五香是什么呢？是酱、醋、花椒末、芝麻屑，加上焯笋或者煮菌子、煮虾的鲜汁。先把花椒末、芝麻屑两样东西拌到面里面，然后把酱、醋和鲜汁三样东西掺和在一块，作为和面的水，不要再用水。面要搅拌得非常均匀，要擀得非常薄，要切得非常细。然后用滚开的水下面，那么精华的东西就全部在面里，能够耐人咀嚼；不像平常吃面的人，面条直吞入肚，品也只能品它的汤。

八珍是什么呢？鸡、鱼、虾三样的肉，晒得非常干，加上鲜笋、香菌子、芝麻、花椒四样东西，一起捣成细末和到面中，再加上鲜汁，共为八种。酱和醋也要用，但不列入“八”数以内，因为它们是家常用的东西，不能用“珍”来称呼。鸡和鱼的肉，必须取非常精瘦的部分，稍微带有肥厚油腻的都不能用，因为面的本性遇见油就散开，因而擀不成片，切不成丝。只要观察制作糕饼的人，想使糕饼松而不板结，就用油去和面，从这里就能够明白面的本性了。鲜汁不用煮肉的汤，而用笋、菌子、虾的汁，也是因为忌讳油的缘故。所用的肉，鸡、鱼、虾三种东西当中，只有虾最方便。把虾碾成细粉，易如反掌，平时多储存些虾粉，以备随时的需要。即便是供自己食用的五香，也未尝不可做成六香。搅拌面的汁，加上鸡蛋清一二盏就更为适宜。

这种东西不放在前面谈，而附在后面，是因为世上知道这种方法的人很多，放在前面谈，不免会被看作是抄袭了。

粉

粉之名目甚多，其常有而适于用者，则惟藕、葛、蕨、绿豆四种。藕、葛二物，不用下锅，调以滚水，即能变生成熟。昔人云：“有仓卒客，无仓卒主人。”欲为仓卒主人，则请多储二物，且卒急救饥亦莫善于此。驾舟车行远路者，此是餱[1]粮中首善之物。粉食之耐咀嚼者，蕨为上，绿豆次之。欲绿豆粉之耐嚼，当稍以蕨粉和之。凡物入口而不能即下，不即下而又使人咀之有味、嚼之无声者，斯为妙品。吾遍索饮食中，惟得此二物。绿豆粉为汤，蕨粉为下汤之饭，可称“二耐”。齿牙遇此，殆亦所谓劳而不怨者哉！

【译】粉的名目很多，通常有而又便于食用的，就只有藕、葛、蕨、绿豆四种。藕、葛两种粉，不用下锅煮，只用滚开的水冲调，就能变生为熟了。从前的人说：“有仓促的客人，没有仓促的主人。”（不）想做仓促的主人，就请多储存这两样东西，而且匆忙中救急充饥，也没有什么比它们更好的了。对于乘船坐车走远路的人，这也是干粮中第一等的好食品。粉食中耐人咀嚼的，以蕨为上等，绿豆为第二。要使绿豆粉耐咀嚼，应当稍微用蕨粉掺和。大凡食物入口不能立即吞下，不立即吞下而又使人咀之有味、嚼之无声的，这才是绝妙的食品。我在饮食中找遍了，也只得到这两种食物。用绿豆粉做汤，用蕨粉做下汤的饭，可以称为“二耐”。牙齿遇到它们，大概也会觉得虽然费点劲，却没有什么要抱怨的吧！

---

① 餱（hóu）：同“糇”，干粮。

肉食第三

“肉食者鄙”，非鄙其食肉，鄙其不善谋也。食肉之人之不善谋者，以肥腻之精液结而为脂，蔽障胸臆，犹之茅塞其心，使之不复有窍也。此非予之臆说，夫有所验之矣。诸兽食草本杂物，皆狡獝[①]而有智；虎独食人，不得人则食诸兽之肉。是非肉不食者，虎也。虎者，兽之至遇者也。何以知之？考诸群书则信矣。虎不食小儿，非不食也，以其痴不惧虎，谬谓勇士而避之也。虎不食醉人，非不食也，因其醉势猖獗，目为劲敌而防之也。虎不行曲路，人遇之者，引至曲路即得脱；其不行曲路者，非若澹台灭明之行不由径[②]，以颈直不能回顾也。使知曲路必脱，先于周行[③]食之矣。《虎苑》云：“虎之能搏狗者，牙爪也。使失其牙爪，则反伏于狗矣。”迹是观之，其能降人降而藉之为粮者，则专恃威猛，威猛之外，一无他能。世所谓有勇无谋者，虎是也。予究其所以然之故，则以舍肉之外不食他物，脂腻填胸不能生智故也。然则“肉食者鄙，未能远谋”，其说不既有征

① 狡獝（xù）：狡猾诡诈。獝，古代传说中的恶鬼。

② 澹台灭明之行不由径：语出《论语·雍也》：“有澹（tán）台灭明者，行不由径，非公事，未尝至于偃之室也。”澹台，复姓。名灭明，是孔子的弟子。

③ 周行（háng）：大路。语出《诗经·周南·卷耳》：“嗟我怀人，置彼周行。”

乎！吾今虽为肉食作俑[①]，然望天下之人，多食不如少食。无虎之威猛而益其愚，与有虎之威猛而自昏其智，均非养生善后之道也。

【译】《左传》说："肉食者鄙。"不是以其吃肉为鄙下庸陋，而是以其不善于谋划而为鄙下庸陋。吃肉的人不善谋划，是因为油腻的精华汁液凝结成了油脂，蒙蔽堵塞了心胸，好像茅草堵住了他的心，使他的心不再有孔窍。这不是我随意发表的新论，而是有所验证的。那些吃草木等杂物的野兽都狡猾而有智谋；唯独老虎是吃人的，找不到人就吃各种野兽的肉。这种不是肉不吃的动物，就是老虎。老虎，这种野兽是兽中最愚蠢的家伙。凭什么知道这一点呢？考查各种书籍就会得到证明了。老虎是不吃小孩的，不是它不吃，是因为小孩懵懂，不害怕老虎，老虎错以为小孩是勇士而避开他。老虎不吃喝醉酒的人，不是它不吃，是因为醉汉样子癫狂，毫无顾忌，老虎把他视为劲敌而提防着他。老虎不走弯路，人遇到它，把它引到弯路上就能逃脱；不走弯路的老虎，不是澹台灭明那样走路不插小道，而是因为它的颈子直硬不能回过头来看。假使老虎知道行人在弯路上一定会逃掉，它就会抢先在大路上把人吃掉了。

① 作俑：俑，古时殉葬用的木制的或陶制的偶人。语出《孟子·梁惠王上》："仲尼曰：'始作俑者，其无后乎！'为之象人而用之也，如之何其使斯民饥而死也？"原意是批评一些统治者不把人当人，后来人们把始作俑者用来比喻首开恶例的人。

《虎苑》上说：“老虎能捕杀狗，靠的是它的爪子和牙齿。假使它失去了牙齿和爪子，就反过来害怕狗了。”由此可见，老虎能够降伏人和动物并把人和动物当作粮食，只是依仗着它的威猛，威猛之外，别的才能一点也没有。世人所说的有勇无谋，就是老虎呀。我研究老虎为什么会这样，发现是因为它除了吃肉之外不吃别的东西，肥厚的油腻填满它的胸间，使它不能产生智慧的缘故。既然这样，那么“肉食者鄙，未能远谋”，这样的说法不是就有了证明吗！

我今天谈吃肉，虽然开了不好的先例，可是希望天下的人，多吃不如少吃。没有老虎的威猛而增加自己的愚蠢，同有老虎的威猛却使自己的智慧昏愦，这都不是养生和善后的好办法。

猪

食以人传者，“东坡肉”是也。卒急听之，似非豕之肉，而是东坡之肉矣。噫！东坡何罪而割其肉，以实千古馋人之腹哉。甚矣！名士不可为，而名士游戏之小术尤不可不慎也。至数百载而下，糕、布等物，又以眉公[1]得名。取“眉公糕”“眉公布”之名，以较“东坡肉”三字，似觉彼善于此矣。而其最不幸者，则有溷厕[2]中之一物，俗人呼为“眉公马桶”。噫！马桶何物，而可冠以雅人高士之名乎！

① 眉公：陈继儒，号眉公，明代文学家。

② 溷（hùn）厕：厕所。溷，肮脏，混浊。

予非不知肉味，而于豕之一物，不敢浪措一词者，虑为东坡之续也。即溷厕中之一物，予未尝不新其制，但蓄之家而不敢取以示人，尤不敢笔之于书者，亦虑为眉公之续也。

【译】食品因为名人流传下来的，就是“东坡肉”了。乍听起来，好像指的不是猪的肉，而是苏东坡的肉了。咳！东坡犯了什么罪而要割下他的肉，来满足千古馋人的口腹呢？太过分了！名士不好当，名士游戏施展小把戏尤其不能不慎重其事。到了数百年以后，糕呀、布呀之类的物品，又有借眉公而得名的。取名“眉公糕”“眉公布”，这比“东坡肉”三个字似乎要好一些。然而最不幸的，却是厕所中的一样东西，世俗人称它为“眉公马桶”。咳！马桶是什么东西，怎么可以给它加上雅人高士的名字呢！我不是不懂得肉味，可是对于猪这种东西，不敢随便说一句话，是顾虑会步东坡的后尘。就是厕所中的那个东西，我也并不是没有更新改良过，只是藏在家里，不敢告诉别人，更不敢把它写到书上，也是顾虑会步眉公的后尘呀。

羊

物之折耗最重者，羊肉是也。谚有之曰：“羊几贯，账难算，生折对半熟时半。百斤止剩念[1]馀斤，缩到后来只一段。”大率羊肉百斤，宰而割之，止得五十斤，迨烹而熟之，又止得二十五斤，此一定不易之数也。但生羊易消，

① 念：“廿”的大写。“廿”，二十的意思。

人则知之；熟羊易长，人则未之知也。羊肉之为物，最能饱人。初食不饱，食后渐觉其饱，此易长之验也。凡行远路及出门作事，卒急不能得食者，啖此最宜。秦[1]之西鄙，产羊极繁，土人日食止一餐，其能不枵腹[2]者，羊之力也。《本草》载："羊肉，比人参、黄芪。参芪补气，羊肉补形。"予谓补人者羊，害人者亦羊。凡食羊肉者，当留腹中馀地，以俟其长；倘初食不节而果其腹，饭后必有胀而欲裂之形。伤脾坏腹，皆由于此，葆生者不可不知。

【译】食物中折耗最多的，就是羊肉。谚语有这样的说法："羊几贯，账难算，生折对半熟时半。百斤止剩念馀斤，缩到后来只一段。"大抵一百斤重的羊，宰杀后解割下来只能得五十斤，等到烹熟以后又只有二十五斤了，这是一定不变的比例。只是生羊肉容易折耗，一般人都知道；熟羊肉容易发胀，一般人却不知道。羊肉这种东西，最能使人吃饱。开始吃时不觉得饱，吃下以后渐渐地觉得饱了，这就是熟羊肉容易发胀的证据。凡走远路和出门做事，匆忙间得不到饭吃的人，吃羊肉最适宜。秦地的西部境，出产的羊非常多，当地的人每天只吃一餐，都不感到肚子饿，就是得力于羊肉。《本草》记载："羊肉比得上人参和黄芪。人参、黄芪滋补人的中气，羊肉滋补人的形体。"

---

① 秦：古国名。今陕西中部和甘肃东南端。

② 枵腹：空腹，饥饿。

我说滋补人的是羊肉，危害人的也是羊肉。凡吃羊肉的人，应当在肚子里留有余地，以等待它发胀；倘若开始吃的时候不加节制，吃得很饱，食后肚子一定会鼓胀得像要裂开一样。伤害脾脏和肚子，都因此缘故，善于养生的人不可不知。

牛、犬

猪羊之后，当及牛犬。以二物有功于世，方劝人戒之之不暇，尚忍为制酷刑乎？略此二物，遂及家禽，是亦以羊易牛[①]之遗意也。

【译】谈了猪和羊之后，应当提到牛和狗。这两种动物于世有功，我正要劝世人断绝这种嗜好还来不及，哪里还忍心为它们制定残酷的刑罚呢？把这两种动物略而不提，就该说到家禽了，这也是古人传下来用羊来代替牛的意思吧。

鸡

鸡亦有功之物理，而不讳其死者，以功较牛犬为稍杀。天之晓也，报亦明，不报亦明，不似畎[②]亩、盗贼，非牛不耕，非犬之吠则不觉也。然较鹅鸭二物，则淮阴羞伍绛灌[③]矣，烹饪之刑，似宜稍宽于鹅鸭。卵之有雄者，弗食；重不至斤外者，弗食。即不能寿之，亦不当过夭之耳。

【译】鸡也是有功劳的动物，不忌讳它的死，是因为它

① 以羊易牛：语出《孟子·梁惠王上》，是孟子对齐宣王说的话。

② 畎（quǎn）：田地中间的沟。

③ 淮阴羞伍绛灌：语出《史记·淮阴侯列传》："信由此日夜怨望，居常怏怏，羞与绛、灌等列。"信，指韩信。绛，指绛侯周勃。灌，指颍阴侯灌婴。

的功劳比起牛和狗来要小一些。天快亮了，鸡报晓天要亮，不报晓天也要亮。不像耕田，非牛不可；有了盗贼，狗不叫，人们便不会发觉。可是鸡同鹅、鸭两种动物比较起来，就如同淮阴侯韩信耻于和绛侯周勃、颍阴侯灌婴相并列一样，它要略高一等，所以烹饪的刑罚，对鸡似乎应该比鹅、鸭稍微放宽些。有公鸡作伴的母鸡所生的蛋，不应该吃；重不到一斤以上的鸡，不要吃。即使不能让鸡长寿，也不应当叫它过早地短命而死。

鹅

鶂鶂[1]之肉无他长，取其肥且甘而已矣。肥始能甘，不肥则同于嚼蜡。鹅以固始为最，讯其土人，则曰："豢[2]之之物，亦同于人。食人之食，斯其网之肥腻，亦同于人也。犹之豕肉以金华为最，婺人[3]豢豕，非饭即粥，故其为肉也甜而腻。"然则固始之鹅、金华之豕，均非鹅、豕之美，食美之也。食能美物，奚俟人言？归而求之，有余师矣。但授家人以法，彼虽饲以美食，终觉饥饱不时，不似固始、金华之有节，故其为肉也，犹有一间之殊。盖终以禽兽畜之，未尝稍同于人耳。"继子得食，肥而不泽"，其斯之谓欤！

有告予食鹅之法者，曰："昔有一人，善制鹅掌。每豢

---

① 鶂（yì）鶂：鹅鸣声，这里指鹅。

② 豢（huàn）：喂养，特指喂养牲畜。

③ 婺（wù）人：指浙江金华人。

肥鹅将杀，先熬沸油一盂，投以鹅足，鹅痛欲绝，则纵入池中，任其跳跃。已而复擒复纵，炮瀹如初，若是者数四。则其为掌也，丰美甘甜，厚可径寸，是食中异品也。”予曰：“惨哉斯言，予不愿听之矣！”物不幸而为人所畜，食人之食，死人之事，偿之以死亦足矣，奈何未死之先，又加若是之惨刑乎？二掌虽美，入口即消，其受痛楚之时，则有百倍于此者。以生物多时之痛楚，易我片刻之甘甜，忍人弗为，况稍具婆心者乎？地狱之设，正为此人；其死后炮烙之刑，必有过于此者。

【译】鹅肉并没有什么特别的优点，只因其肥壮甘美罢了。肥壮才能甘美，不肥壮吃起来就跟嚼蜡一样没有味道。鹅以固始（河南）的最好，请教当地人，他们说：“养鹅的饲料也得跟人的食物一样。吃人的食物，它的肉也像人一样肥壮细腻。就像猪肉以金华（浙江）的为上等，金华人养猪，不是用米饭就是用粥，所以这样长的肉就甜美肥腻。”这么看来，固始的鹅、金华的猪，都不是鹅和猪本身好，而是饲料使它们变好了。食物能使动物的肉变美，这还用得着说吗？我回到家里研究这种喂养的方法，告诉我的就有很多老师了。我只是把这些方法传授给家里人，他们虽然用精美的饲料来喂养，但始终一时饥一时饱，不像固始、金华那样有节度，所以它们长的肉，同固始、金华相比，还有一段距离。因为毕竟把鹅、猪当作禽兽来饲养，并没有把它们当作人来对待。所谓“继子得食，肥而不泽”，大概说的就是这个道理吧！

有人告诉我吃鹅的方法：“从前有个人，善于制作鹅掌。每次鹅养肥了要宰的时候，先熬好沸油一盂，把鹅脚放进去，鹅痛得要命，再把它放到水池里；让鹅在水池里任意跳跃。过一会儿又把它捉住，像开头一样把鹅掌浸在沸油里，然后又把它放掉，就这样反复四五次。结果做成的鹅掌，丰美甘甜，有一寸厚，是食物中的异品呵。”我说：“这话惨啊，我不愿听下去了！”动物不幸遭人喂养，吃人的食物，为人而死，用死来报偿人们，这就足够了，怎么在它未死之前，又给它加上这样残酷的刑罚呢？两只鹅掌虽然味道甘美，但是一进嘴就没有了，而鹅受痛楚的时间，就要长一百倍。用生物长时间的痛楚，换取我片刻的甘甜，就是狠心的人也不愿这样干，何况稍微有点慈悲心的人呢？下地狱的刑罚，正是为这种人设置的，他们死后受炮烙的刑罚，一定比鹅的惨死还要痛苦！

鸭

禽属之善养生者，雄鸭是也。何以知之？知之于人之好尚：诸禽尚雌，而鸭独尚雄；诸禽贵幼，而鸭独贵长。故养生家有言：“烂蒸老雄鸭，功效比参蓍[①]。”使物不善养生，则精气必为雌者所夺，诸禽尚雌者，以为精气之所聚

① 蓍（shī）：黄芪。补药，能补气固表，利水托疮。

也；使物不善养生，则情窍一开，日长而日瘠[1]矣，诸禽贵幼者，以其泄少而存多也。雄鸭能愈长愈肥，皮肉至老不变，且食之与参蓍比功，则雄鸭之善于养生，不待考核而知之矣。然必俟考核，则前此未之闻也。

【译】禽类中会保养身体的，要数雄鸭。怎么知道的呢？从人的爱好和风尚可以知道：各种禽类都以雌的为贵，唯独鸭以雄的为贵；各种禽类都以幼小的为贵，唯独鸭以老的为贵。所以保养身体的行家说："烂蒸老雄鸭，功效比参蓍。"假使动物不善于保养身体，那么精气一定会被雌的夺走，各种禽类以雌的为贵，就是认为雄的精气都聚集在雌的身上。有的动物不善于保养身体，一到生殖期，就会越长越瘦了，所以在各种禽兽中人们以幼小的为贵，这是因为它排出的少，而保留得多的缘故。雄鸭能越长越肥，皮和肉到老不改变，吃了以后功效可与人参、黄芪相比。这样看来，雄鸭之善于保养身体，是可想而知的了。可是对这种说法如何考核，以前也没有听说过。

野禽、野兽

野味之逊于家味者，以其不能尽肥；家味之逊于野味者，以其不能有香也。家味之肥，肥于不自觅食而安享其成；野味之香，香于草木为家而行止自若。是知丰衣美食，逸处安居，肥人之事也；流水高山，奇花异木，香人之物

---

① 瘠：指瘦弱。

也。肥则必供刀俎，靡有孑遗[1]；香亦为人朵颐[2]，然或有时而免。二者不欲其兼，舍肥从香而已矣。

野禽可以时食，野兽则偶一尝之。野禽知雉、雁、鸠、鸽、黄雀、鹌鹑之属，虽生于野，若畜于家，为可取之如寄也。野兽之可得者，唯兔；麞、鹿、熊、虎诸兽，岁不数得。是野味之中，又分难易。难得者何？以其久住深山，不入人境，槛[3]阱[4]之入，是人往觅兽，非兽来挑人也。禽则不然，知人欲弋[5]而往投之，以觅食也，食得而祸随之矣。是兽之死也，死于人；禽之毙也，毙于己。食野味者，当作如是观，惜禽而更为惜兽，以其取死之道为可原也。

【译】野味不如家味，因为它不能长到最肥；家味不如野味，因为吃起来不香。家味之所以肥，是因为它们不需要自己寻找食物而只需坐享其成；野味之所以香，是因为以草木为家，起居行止，自由自在。由此可知，丰衣美食，逸处安居，使人的身体变得肥胖；高山流水，奇花异木使人的气质变得芳馨。肥就一定会供人宰割，以致没有后代；香也会被人吃掉解馋，却也有偶尔幸免的机会。肥和香如果不能兼而有之，那就舍弃肥的，选择香的吧。

---

① 孑（jué）遗：后代。

② 朵（duǒ）颐：指动腮帮进食。语出《易·颐》：“初九舍尔灵龟，观我朵颐，凶。”

③ 槛（jiàn）：圈，兽类的栅栏。

④ 阱：捕野兽用的陷坑。

⑤ 弋：带有绳子的箭，用来射鸟。

野禽按季节时令可以吃到，野兽却只能偶尔尝到一两次。野禽如雉、雁、鸠、鸽、黄雀、鹌鹑之类，虽然生长在野外，其实就像喂养在家里一样，随时可以取得，犹如寄养在野外似的。野兽中可以捕得的，只有兔；麝、鹿、熊、虎几种野兽，一年之中也得不到几次。因之野味中，又分为难得和易得两种。为什么难得呢？因为它一直住在深山里，不到人们居住的地区来，它们落入陷阱，这是人往深山里搜捕野兽，而不是野兽自己跑来侵犯人啊。野禽可不是这样，它们明知人要捉它们而仍自投罗网，这是为了寻找食物，食物得到了，大祸就跟着来了。这样看来，野兽的死，要归咎于人；野禽的死，要归咎于它们自己。吃野味的人应当这样看，爱惜野禽更应该爱惜野兽，因为野兽取死的原因是值得同情的。

鱼

鱼藏水底，各自为天，自谓与世无求，可保戈矛之不及矣。乌知网罟[①]之奏功，较弓矢罝罘[②]为更捷。无事竭泽而渔，自有吞舟不漏[③]之法。然鱼与禽兽之生死，同是一命，觉鱼之供人刀俎，似较他物为稍宜，保也？水族难竭而易繁。胎生卵生之物，少则一母数子，多亦数十子而止矣；鱼

① 罟（gǔ）：网的总名。

② 罝（jū）罘（fú）：泛指捕兽的网。

③ 吞舟不漏：吞舟，谓能吞舟的大鱼。《晋书·顾和传》：“明公作辅，宁使网漏吞舟。”这里是说不漏掉大鱼。

之为种也似粟，千斯仓而万斯箱[①]，毕于一腹焉寄之。苟无沙汰之人，则此千斯仓而万斯箱者，生生不已，又变而为恒河沙数[②]；至恒河沙数之一变再变，以至千百变，竟无一物可以喻之。不几充塞江河而为陆地，舟楫之往来，能无恙乎？故渔人之取鱼虾，与樵人之伐草木，皆取所当取，伐所不得不伐者也。我辈食鱼虾之罪，较食他物为稍轻。兹为约法数章，虽难止乎祥刑[③]，亦稍差于酷吏。

食鱼者首重在鲜，次则及肥。肥而且鲜，鱼之能事毕矣。然二美虽兼，又有所重在一者：如鲟，如鲚[④]，如鲫，如鲤，皆以鲜胜者也，鲜宜清煮作汤；如鳊，如白，如鲥，如鲢，皆以肥胜者也，肥宜厚烹作脍。烹煮之法，全在火候得宜：先期而食者肉生，生则不松；过期而食者肉死，死则无味。迟客之家，他馔或可先设以待，鱼则必须养活，候客至旋烹。鱼之至味在鲜，而鲜之至味，又只在初熟离釜之片刻。若先烹以待，是使鱼之至美，发泄于空虚无人之境；待客至而再经火气，犹冷饭之复炊，残酒之再熟，有其形而无其质矣。煮鱼之水忌多，仅足伴鱼而止。水多一口，则鱼淡一分。司厨婢子，所利在汤，常有增而复增，以至鲜味减而

---

① 万斯箱：当时戏曲中的流行用语，明武陵周九标《四大痴》传奇《懒画眉》有句：“几时得金珍异宝万斯箱。”见《欢喜奇观》。

② 恒河沙数：佛经中语。数量多到无法计算。

③ 祥刑：慎用刑罚。《书·吕府》：“有邦有土，告尔祥刑。”祥，通“详”。

④ 鲚（jì）：鳜鱼。

又减者。志在厚客，不能不薄待庖人耳。更有制鱼良法，能使鲜肥迸出，不失天真，迟速咸宜，不虞火候者，则莫妙于蒸。置之镟[1]内，入陈酒酱油各数盏，覆以瓜姜及蕈笋诸鲜物，紧火蒸之极熟，此则随时早暮，供客咸宜。以鲜味尽在鱼中，并无一物能侵，亦无一气可泄，真上着也。

【译】鱼类潜藏在水里，自有其天地，自以为与世无求，可以保证不挨刀枪了。哪里知道鱼网比起弓箭和捕兽的网子更有效果。完全没有必要竭泽而渔，本来就有用密织大网捕鱼的方法嘛。虽然鱼和禽兽的生死，同样是一条性命，但我觉得鱼供人宰割，似乎比起其他动物要稍微合理些。为什么呢？因为水族容易繁殖，很难捕完而枯竭。胎生和卵生的动物，少的一母生数子，最多也只能生数十子就完了；而鱼类产的子却像粟米一样，成千上万都包藏在鱼肚里，像装在仓库里或箱子里一样。如果没有人来掏掉它，那么千仓万箱的鱼子，无穷无尽地繁殖下去，就会变得像恒河沙那样数也数不清；像恒河沙那样多的鱼子又一变再变，以致千变百变，那就没有任何一种东西可以来比喻它的数目之多了，这样很快就会堵江塞河，把江河变得像陆地一样，如此船只往来能够安全吗？所以渔人捕捞鱼虾，同樵夫砍伐树木一样，都是捕捞所应当捕捞的，砍伐不得不砍伐的。我辈把鱼虾当作荤食的罪过，比起吃别的动物来要稍微轻一些。这里约法

① 镟（xuàn）：一般指温酒的器皿，这里指蒸镬（huò）、蒸盬（gǔ）之类的器具。

数章，对于鱼类虽然难以经过审慎判刑之后决定是否宰杀，但毕竟比滥用刑罚的酷吏要稍微好一些。

吃鱼首先推重的是鲜味，其次考虑的才是肥腴。既肥又鲜，对鱼来说就是最好的了。许多鱼兼具二美，但不同的鱼又有所侧重：如鲟鱼、鳜鱼、鲫鱼、鲤鱼，都以鲜取胜，鲜，更适合于清蒸做汤；如鳊鱼、白鱼、鲥鱼、鲢鱼，都以肥取胜，肥，更适合于厚味烹调成鱼片。无论烹鱼煮鱼，全在掌握火候得当；未熟的肉是生的，生了就不酥松；熟过了的肉是死的，死了就没有味道。等客人到来的人家，别的菜肴可以先做好，鱼却必需养活在水里，等客人到了立即烧煮。鱼最美的味道在鲜，而最美的鲜味，又只在刚刚做熟起锅的片刻之间。如果先烧好了等待客人，鱼最美的鲜味就会散发到空气里去，客人来了再回锅，如同冷饭再热，剩酒再烫一样，只有外形，却没有它的精华了。煮鱼的水切忌过多，能够把鱼烧好就行了；水多了一口，鱼味就淡一分。下厨的女佣看重鱼汤，意在分一杯羹，常常是把水加了又加，以致鲜味减而又减。要厚待客人，就不能不薄待厨师了。还有一种做鱼的好法子，能使鲜和肥同时发挥出来，却不失却自然的风味，快慢都没有关系，而且还不必担心火候，那就是蒸鱼。把鱼放在蒸锅里，加入陈酒和酱油各数盏，再把酱瓜、生姜、香菌子、竹笋等鲜美的物品盖在上面，然后用猛火蒸熟。这样无论早晚，随时用来供客，都是合适的。因为鲜味全都在鱼里，并且没有一样东西可以夺走它，也没有一样气味能够跑掉。这真是做鱼的上等方法。

虾

笋为蔬食之必需，虾为荤食之必需，皆犹甘草之于药也。善治荤食者以焯虾之汤和入诸品，则物物皆鲜，亦犹笋汤之利于群蔬。笋可孤行，亦可并用；虾则不能自主，必借他物为君。若以煮熟之虾，单盛一簋，非特华筵必无是事，亦且令食者索然。唯醉者糟者可供匕箸。是虾也省，因人成事之物，然又必不可无之物也。治国若烹小鲜，此小鲜之有裨于国者。

【译】笋是做蔬菜必不可少的东西，虾是做荤菜必不可少的东西，都像甘草在药中必不可少一样。善于制作荤菜的人用烧虾的汤，掺和到各种食品中，每一样食品都会变鲜，也像笋汤能使所有的蔬食变鲜一样。笋可以单独使用，也可以和别的东西同时使用；虾却不能单独使用，它一定要以别的东西为主。如果用煮熟的虾，单独盛一盘，不仅华贵的筵席绝对没有这等做法，而且也会使吃的人感到索然无味。只有醉虾和糟虾才能引起人下筷子的食欲。所以，虾这种东西，因为和它搭配的不同而成为不同的美味，但却是一定不能少的东西。治理国家就像烹调小鲜虾一样，乃是因为这种小鲜味对于国家是有裨补的东西。

鳖

“新粟米[1]炊鱼子饭[2]，嫩芦笋煮鳖裙羹[3]”，林居之人述此以鸣得意，其味之鲜美可知矣。予性于水族无一不嗜，独与鳖不相能，食多则觉口燥，殊不可解。一日邻人网得巨鳖，召众食之，死者接踵，染指其汁者，亦病数月始痊。予以不喜食此，得免于召，遂得免于死。岂性之所在，即使之所在耶？予一生侥幸之事，难更仆数。

乙未民大武林，邻家失火，三面皆焚，而予居无恙。己卯之夏，遇大盗于虎爪山，贿以重资者得免，不则立毙；予囊无一钱，自分必死，延颈受诛，而盗不杀。

至于甲申、乙酉之变[4]，予虽避兵山中，然亦有时入郭；其至幸者，才徙家而家焚，甫出城而城陷。其出生于死，毕在斯须倏忽之间。噫！予何修而得此于天哉？报施无地，有强为善而已矣。

【译】“新粟米炊鱼子饭，嫩芦笋煮鳖裙羹”（说的是，用新收割的小米做成的米饭，就像用鱼子做成的一样香甜，炖煮嫩芦笋，味道如鳖裙羹一样鲜美），是住在山林的人引为自鸣得意的饭馔，它们味道的鲜美是不问可知的了。

---

① 粟米：小米。

② 鱼子饭：新收割小米做的饭，黄而糯，似鱼子，故名。

③ 鳖裙羹：鳖甲四周软唇名鳖唇，或作鳖裙。以鲜嫩的芦笋作羹，味美如鳖裙羹。

④ 甲申、乙酉之变：甲申年明之于清，乙酉年，南明弘光帝朱由崧（sōng）被俘，留都南京倾覆。

我天性中对于水生动物没有一样不喜好，唯独不喜欢鳖，吃多了就觉得口干，非常不可理解。一天，邻居用网捕得一只大鳖，他请许多人来吃，结果吃后死的人一个接着一个，就是尝了汤汁的也一病几个月才好。我因为不喜欢吃，没有被邀请，才幸免一死。难道一个人的天性，真的关系到他的命运吗？我一生侥幸的事情，真是数也数不清。

乙未年我住在武林（杭县），邻家失火，三面都烧了，只有我住的地方没有遭灾。己卯年的夏天，在虎爪山（浙江萧山县）遇上强盗，只有交出许多钱来才能幸免，不然立刻杀死；我的袋中没有一个钱，自己料定不能活命，只得伸着脖子等着挨刀子，结果强盗却没有杀我。

到了甲申、乙酉年的事变，我虽然到山中避乱，可是有时也到城里去一下；最值得称幸的是，我才搬了家，家里就被烧了；刚从城里出来，城就陷落了。我这几次死里逃生，都在转眼之间。咳！我怎么修得有老天爷这样的恩惠呢？可是想报答却没有什么可报答的，只好尽力做些善事罢了。

蟹

予于饮食之美，无一物不能言之，且无一物不穷其想象，竭其幽眇[1]而言之。独于蟹螯一物，心能嗜之，口能甘之，无论终身，一日皆不能忘之；至其可嗜可甘与不可忘之故，则绝口不能形容之。此一事一物也者，在我则为饮食

① 幽眇（miǎo）：精深微妙。眇，细小，微小。

中之痴情，在彼则为天地间之怪物矣。予嗜此一生，每岁于蟹之未出时，即储钱以待。因家人笑予以蟹为命，即自呼其钱为买命钱。自初出之日始，至告竣之日止，未尝虚负一夕，缺陷一时。同人知予癖蟹，招者饷者皆于此日，予因呼九月、十月为蟹秋。虑其易尽而难继，又命家人涤瓮酿酒，以备糟之醉之之用。糟名蟹糟，酒名蟹酿，瓮名蟹甓[①]；向有一婢，勤于事蟹，即易其名为蟹奴，今亡之矣。蟹乎蟹乎，汝与吾之一生，殆相终始者乎！所不能为汝生色者，未尝于有螃蟹无监州处作郡，出俸钱以供大嚼，仅以悭囊[②]易汝，即使日购百筐，除供客外，与五十口家人分食，然则入予腹者有几何哉？蟹乎蟹乎，吾终有愧于汝矣。

蟹之为物至美，而其味坏于食之之人。以之为羹者，鲜则鲜矣而蟹之美质何在？以之为脍者，腻则腻矣而蟹之真味不存。更可厌者，断为两截，和以油盐、豆粉而煎之，使蟹之色、蟹之香与蟹之真味全失。此皆似嫉蟹之多味，忌蟹之美观而多方蹂躏，使之泄气而变形者也。世间好物，利在孤行。蟹之鲜而肥，甘而腻，白似玉而黄似金，已造色、香、味三者之至极，更无一物可以上之。和以他味者，犹之以爝火[③]助日，掬水益河，冀其有裨也，不亦难乎！凡食蟹者，

① 甓（pì）：指砖。

② 悭（qiān）囊：比喻悭吝者的钱袋。

③ 爝（jué）火：大火把。见《庄子·逍遥游》。

只合全其故体，蒸而熟之，贮以冰盘，列之几上，听客自取自食。剖一匡，食一匡，断一螯，食一螯，则气与味纤毫不潜心。出于蟹之躯壳者，即入于人之口腹，饮食之三昧[①]再有深入于此者哉？凡治他具，毕可人任其劳，我享其逸，独蟹与瓜子、菱角三种，必须自任其劳，旋剥旋食则有味；人剥而我食之，不特味同嚼蜡，且似不成其为蟹与瓜子、菱角而别是一物者。此与好香必须自焚，好茶必须自斟，童仆虽多，不能任其力者，同出一理。讲饮清供[②]之道者，皆不可不知也。

安上客者，势难全体，不得已而羹之，亦不当和以他物，唯以煮鸡鹅之汁为汤，去其油腻可也。

瓮中取醉蟹，最忌用灯，灯光一照，则蒲瓮俱沙，此人人知忌者也。有法处之，则可任照不忌。初醉之时，不论昼夜，俱点油灯一盏，照之入瓮，则与灯光相习，不相忌而相能，任凭照取，永无变沙之患矣（此法都门有用之者）。

【译】我对于饮食的美妙，没有一样东西不能说出点道理来，而且没有一样东西不是竭尽我的想象，把它最微妙的地方揭示出来。唯独螃蟹这种食物，我心里喜好它，口里尝到它的美味，一生中无论哪一天都不能忘了它；至于它为何这样令人喜好，厌人口福，不能忘怀的缘故，我却完全不能

① 三昧：原是佛教用语，后来人们把认识掌握了某一事物的诀窍和精义，叫作“得其三昧”。

② 清供：清玩，指彝器、书画等可供玩赏的器物。

说清楚。这样一件事情一种食物，就我来说是饮食中一往情深的所在，就螃蟹来说却是天地间的怪物了。我一生嗜吃螃蟹，每年在蟹还没有出来的时候，就存钱等着去买。因此家里的人都笑话我把蟹看作性命，我自己也就称呼存下来的钱为“买命钱”。从蟹刚刚应市的时候开始，直到它下市的时候为止，我从来没有白白度过一天，无时无刻都不缺少这种美味。同我共事的人知道我嗜蟹成癖，邀请我和宴请我的就都选在这些日子，我因此把九月、十月称为“蟹秋”。我生怕螃蟹很快就吃尽时而无以为继，又叫家人洗好瓦瓮酿酒，以便准备糟蟹、醉蟹之用。我把糟叫作“蟹糟”，把酒叫作“蟹酿”，把瓦瓮叫作“蟹甓”。从前有一个女婢，对制作螃蟹的事情尽心竭力，我就把她的名字改作“蟹奴”，现在她已经不在了。蟹啊蟹啊，你在我的一生中，差不多是始终相伴的啊！我所不能为你增添光彩的是，我从来没有在出产螃蟹而没有设置监州的地方作郡吏，拿不出俸钱购买螃蟹来大吃一番，我仅仅用有限的钱来换取你，即使是一天购买一百筐，除了招待客人以外，同家中五十口人分吃，能够进到我肚子里的又有多少呢？蟹啊蟹啊，我对你始终是抱愧的了。

蟹是食物中最美的东西，可是它的美味却坏在一些吃它的人手上。用它做羹，鲜倒是鲜得很了，可是蟹的美妙之处到哪里去了呢？把它炒作蟹粉，细腻是细腻得很了，可是蟹的真味却不存在了。更为讨厌的是，将蟹斩断为两截，和上油盐，抹上豆粉来生煎，这样使蟹的颜色、香气和真味全部失掉了。这些做法，都好像是妒忌蟹富有的美味和外形好看，而多方糟践蹂躏，使蟹失去了香气，丑化了它的外形。世间美妙的食物，就妙在能够单独成菜，不赖配合。蟹鲜且肥，甘且腻，肉白得像玉，壳黄得像金，色、香、味三者都登峰造极，再没有一种食物可以超过它了。如果用别的味道掺和到它里面去，好比是点把火来增加太阳的光亮，捧点水来增添河水的浩瀚，要想有什么效果，不是很困难的吗！凡是吃蟹的人，只应该保全它本来的体态，蒸熟以后，放在洁白的瓷盘里，陈放在几案上，听凭客人自拿自吃。吃的时候要注意，剖开一只蟹壳就吃一只，撇掉一只脚就吃一只脚，这样才丝毫不影响蟹的气和味。从蟹身上取下，马上进入人的口腹，饮食的奥妙还有比这更透彻的吗？凡是制作别的肴馔，都可以由别人操劳，我坐享其成，唯独吃蟹与瓜子、菱角三种，必须自己动手，边剥边吃才有味道；旁人剥好了我再来吃，不但味同嚼蜡，而且好像吃的并不是螃蟹、瓜子、菱角，而是别的食物似的。这同好香必须自己来焚，好茶必须自己来斟，是一个道理，童仆虽多，却不能要他们出力。讲究饮食之道和古玩清供的人，都不可不知道这一点。

宴请贵宾，似乎不好用整蟹上席，不得已才把蟹做成羹，也不应当用别的食物来掺和它，只能用煮鸡鹅的汤汁做高汤去烩，不过要撇掉油脂。

从瓦瓮子中取出醉蟹时，最忌讳用灯，灯光一照，用蒲草封口的瓦瓮就会都变成沙，这是每个人都知道的要忌讳的事。但是有法能处治，凭怎样照也无所谓。其方法是：开始醉蟹时，不论昼夜都要点上一盏油灯，照着把蟹放入瓮中，这样就使它对灯光习惯了，从而不再相忌光而能相安无事，任凭灯光照着取出醉蟹，也永远不会有变沙的毛病了。

零星水族

予担簦[①]二十年，履迹几遍天下，四海历其三，三江五湖，则俱未尝遗一；唯九河未能环绕，以其迂僻者多，不尽在舟车可抵之境也。历水既多，则水族之经食者，自必不少，因知天下万物之繁，未有繁于水族者。载籍所列诸鱼名，不过十之六七耳。常有奇形异状，味亦不鲜，渔人竟日取之，土人终年食之，咨询其名，皆不知为何物者。无论其他，即吴门、京口诸地，所产水族之中，有一种似鱼非鱼，状类河鲢而极小者，俗名"斑子鱼"。味之甘美，几同乳酪，又柔滑无骨，真至味也。而《本草》《食物》诸书，皆所不载。近地且然，况寥廓[②]而迂僻者乎！海错[③]之至美，人所艳羡而不得食者，为闽之西施舌、江瑶柱二种。西施舌予既食之，独江瑶柱未获一尝，为入闷恨事。所谓西施舌者，

① 担簦（dēng）：背着伞，这里指奔走，跋涉。簦，有柄的笠，类似今天的雨伞。

② 寥廓：空旷深远的意思。

③ 海错：语出《书·禹贡》："海物唯错。"意谓海中产物，种类复杂众多。后借此称海味为"海错"。

状其形也，白而洁，光而滑，入口咂之，俨然美妇之舌，但少朱唇皓齿牵制其根，使之不留而即下耳。此所谓状其形也。若论鲜味，则海错中尽有过之者，未甚奇特，朵颐此味之人，但索美舌而咂之，即当屠门大嚼矣。其不甚著名而有异味者，则北海之鲜鳓，味并鲥鱼，其腹中有肋，甘美绝伦。世人以在鲟鳇腹中者为西施乳，若与此肋较短长，恐又有东家西家之别[①]耳。

河鲀为江南最尚之物，予亦食而甘之。但询其烹饪之法，则所需之作料甚繁。合而计之，不下十余种，且又不可缺一，缺一则腥而寡味。然则河鲀无奇，乃假众美成奇者也。有如许调和之料，施之他物，何一不可擅长，奚必服杀人之物以示异乎？食之可，不食亦可。若江南之鲚，则为春馔中妙物，食鲥鱼及鲟鳇有厌时，鲚则愈嚼愈甘，至果腹而犹不能释手者也。

【译】我劳碌奔走二十年，足迹几乎遍及天下，四海经过了三海，三江五湖，不曾遗漏过一个地方；只有九河未能走遍，只为迂回偏僻的地方太多，而且又不都在舟车可以抵达的地方。我经过的河流既然很多，吃过的水族动物自然不少，因此知道天下万物的繁多，没有比水族种类更繁多的了。见于书籍所列的鱼名，不过是实际的十分之六七罢了。经常有许多奇形怪状的，味道也同别的鱼类不相同，渔人整

---

① 东家西家之别：即今谓以丑拙摹仿美好的为“东施效颦”。

天捕捞它，当地居民常年食用它，可要是问到它的名字，却谁也不知道它是什么东西。别的地方且不说，吴门（苏州）、京口（镇江）等地所产的水族中，就有一种像鱼而不是鱼的，形状像河鲢，却又非常小，俗名叫“斑子鱼”，味道几乎同乳酪一样地甘美，而又柔滑没有骨头，真是最好的美味，可是在《本草》《食物》等书中，却都没有记载。近的地方尚且如此，何况是空旷广漠、遥远偏僻的地方呢！海味中最美的食品，为人们所羡慕而无从吃到的，是福建的西施舌和江瑶柱两种。西施舌我已经吃过了，只有江瑶柱没有尝过，这是我深感遗憾的事情。之所以叫西施舌，是描绘它的形状，外表白洁、光滑，入口细细地品尝，居然像美妇的舌头，只是没有朱唇皓齿牵制舌根，使它不留在嘴里面吞下去罢了。这就是所谓的描写它的形状。如果谈它的鲜味，那么海味中有很多可以超过它的，并无奇特之处，吃这种味道以为是口福的人，只是索讨美舌而细细品尝，权当“过屠门而大嚼”罢了。那些不怎么著名而别有特殊风味的，要数北海的鲜鳓，味道可以同鲥鱼媲美；它的腹中有肋骨，更是无比甘美。世上的人以为在鲟鱼和鳇鱼腹中的方为西施乳，但同鳓鱼的肋骨一比长短的话，恐怕又有西施和东施的分别了。

河鲀是江南人最爱吃的水族动物，我也吃过，觉得味道很美。只是问到烹饪的方法，感到所需要的调料太多，合计不下十多种，而且又不可缺少一样，缺少一样就会变腥，没有味道。这样看来，河鲀本身并没有什么奇特的地方，它只是借助许多别的美味才成为奇特的食品。有这样多的作料，用在别的物品上，哪一样东西都能做出擅长的美味，又何必借助这种杀人的动物来显示不同呢！河鲀吃也罢，不吃也罢。比如江南的鲚鱼，就是春天肴馔中绝妙的物品，吃鲥鱼、鲟鱼和鳇鱼，都有厌足的时候，而吃鲚鱼，越吃滋味越美，肚子吃饱了还舍不得放手呢！

不载果食茶酒说

果者，酒之仇；茶者，酒之敌。嗜酒之人，必不嗜茶与果，此定数也。凡有新客入座，平时未经共饮，不知其酒量浅深者，但以果饼及糖食验之：取到即食，食而似有踊跃之情者，此即茗客，非酒客也；取而不食，及食不数四而即有倦色[①]者，此必巨量之客，以酒为生者也。以此法验嘉宾，百不失一。予系茗客而非酒人，性似猿猴，以果代食，天下皆知之矣。讯以酒味则茫然，与谈食果、饮茶之事，则觉井井有条，滋滋多味。兹既备述饮馔之事，则当于二者加详，胡以缺而不备？曰："惧其略也。"性既嗜此，则必大书特书，而且为罄竹之书[②]，若以寥寥数纸，终其崖略[③]，则恐笔欲停而心未许，不觉其言之汗漫[④]而难收也。且果可略，而茶不可略；茗战之兵法，富于"三略[⑤]""六韬[⑥]"岂《孙子十三

① 倦色：厌倦的神色。

② 罄竹之书：这里意指用尽南山的竹子作竹简，也写不尽隋炀帝的罪行。罄，尽，完。竹，古时用来写字的竹简。

③ 崖略：大略。

④ 汗漫：散漫无所统率。

⑤ 三略：指中国古代的兵书。一名《黄石公三略》，传为汉初黄石公作。全书分为上略、中略、下略三卷。

⑥ 六韬：指中国古代的兵书。传为周代吕望（姜太公）作。后人研究，有人认为是战国作品。现存六卷，分为文韬、武韬、龙韬、虎韬、豹韬、犬韬。

篇》[1]所能尽其灵秘者哉！是用专辑一编，名为《茶果志》，孤行可，尾于是集之后亦可。至于曲糵[2]一事，予既自谓茫然，如复强为置吻，则假口他人乎？抑强不知为知以欺天下乎？假口则仍犯剽袭之戒；将欲欺人，则茗客可欺，酒人不可欺也。倘执其所短而兴问罪之师，吾能以茗战战之乎？不若绝口不谈之为愈耳。

【译】水果，是酒的仇人；茶，是酒的敌人。好喝酒的人，一定不喜欢饮茶吃水果，这是肯定的道理。凡是初次来的客人入席，平时又没有同他共饮过，不了解他酒量的深浅，只管用果饼和甜食来试探他：拿起来就吃，吃的时候好像还有滋有味，这种人就是茶客，而不是酒客；拿到却不吃，或者吃不到几个就显出厌倦神色，这种人一定是有海量的客人，是靠酒过日子的酒客。用这种方法试探贵客，百试百中，不会弄错一人。我是茶客，不是酒人，性情跟猿猴差不多，把水果当饭吃，这是大家都知道的。同我谈酒的味道，我茫然不知，同我谈论吃水果和饮茶的事，就变得井井有条，津津有味。现在既然从各方面论述了饮馔的事情，就应当把这两样东西详细地写上，为什么把它空着不写呢？回答说：“我怕写得简略了。”我既然嗜好这两样东西，就应该大书特书，而且要像罄竹之书一般，如果只是几张纸，只写个大概，那

① 《孙子十三篇》：古代兵书《孙子兵法》，春秋末孙武作。

② 曲糵（niè）：酒母，酿酒用的发酵剂。语出《书·说命下》：“若作酒醴，尔惟曲糵。”糵，曲糵，这里作酒的代称。

么恐怕笔杆想停而心里却不答应，不知不觉就把话说多了，以致难于收拾。再说，谈水果的内容可以省略，谈茶的内容却不能省略；茶战中的兵法，富于“三略”“六韬”，难道《孙子十三篇》能写尽它那神奇奥妙的内容吗？所以要做专辑一编，定名为《茶果志》，可以单独成一册，也可以放在这本集子的末尾。至于谈到酒，我既然自认为茫然无所知，如果又勉强说三道四，那么是借别人说的话呢，还是强不知为知来欺骗天下的人呢？说别人说过的话，就会触犯不应剽窃的诫条；要是想欺骗天下的人，即使茶客被骗，酒人就骗不过去了。倘若有人抓住我的短拙处而兴师问罪，我能够用茶战来论战吗？这样一想，还是闭口不谈为好。